科學少年學習誌

編／科學少年編輯部

科學閱讀素養
理化篇 4

遠流

課程連結表

文章主題	文章特色	搭配108課綱（第四學習階段 — 國中）	
		學習主題	學習內容
近代科學之父——伽利略	介紹伽利略的生平以及他身處的時代背景，同時補充伽利略望遠鏡和伽利略溫度計的原理。	能量的形式、轉換及流動（B）：能量的形式與轉換（Ba）	Ba-IV-7物體的動能與位能之和稱為力學能，動能與位能可以互換。
		物質系統（E）：宇宙與天體（Ed）	Ed-IV-2我們所在的星系，稱為銀河系，主要是由恆星所組成；太陽是銀河系的成員之一。
		科學、科技、社會及人文（M）：科學發展的歷史（Mb）	Mb-IV-2科學史上重要發現的過程，以及不同性別、背景、族群者於其中的貢獻。
明察秋毫的鷹眼	解析鷹眼系統的運作原理，以及如何分析網球的軌跡，進一步認識運動科技。	系統與尺度（INc）*	INc-III-4對相同事物做多次測量，其結果間可能有差異，差異越大表示測量越不精確。 INc-III-6運用時間與距離可描述物體的速度與速度的變化。
		物質系統（E）：自然界的尺度與單位（Ea）；力與運動（Eb）	Ea-IV-3測量時可依工具的最小刻度進行估計。 Eb-IV-8距離、時間及方向等概念可用來描述物體的運動。
自來水怎麼來？	解說自來水廠的淨水步驟及原理，並認識家中濾水器的結構，同時解答自來水能否生飲。	構造與功能（INb）*	INb-III-2應用性質的不同可分離物質或鑑別物質。
		物質的反應、平衡及製造（J）：水溶液中的變化（Jb）	Jb-IV-4溶液的概念及重量百分濃度（P%）、百萬分點的標記法（ppm）。
		科學、科技、社會及人文（M）：環境汙染與防治（Me）	Me-IV-2家庭廢水的影響與再利用。
放射性研究的拓荒者——居禮夫人	介紹居禮夫人的生平與研究，藉此認識她的科學發現，並了解她對人類的貢獻。	物質的組成與特性（A）：物質組成與元素的週期性（Aa）	Aa-IV-1原子模型的發展。
		能量的形式、轉換及流動（B）**：能量的形式與轉換（Ba）	PBa-Vc-4原子核的融合以及原子核的分裂是質量可以轉換為能量的應用實例，且為目前重要之能源議題。
無字天書	藉由寫出無字天書的實驗，學習何謂碳化現象，並思考哪些化學反應也能應用於無字天書。	交互作用（INe）*	INe-III-2物質的形態與性質可因燃燒、生鏽、發酵、酸鹼作用……等而改變或形成新物質，這些改變有些會和溫度、水、空氣、光等有關。改變要能發生，常需要具備一些條件。
		物質的反應、平衡及製造（J）：物質反應規律（Ja）；有機化合物的性質、製備及反應（Jf）	Ja-IV-3化學反應中常伴隨沉澱、氣體、顏色及溫度變化等現象。 Jf-IV-1有機化合物與無機化合物的重要特徵。
醫院裡的輻射線	介紹醫事檢查中常出現的輻射線，認識它的診斷與治療原理，及如何計算輻射劑量。	自然界的現象與交互作用（K）：波動、光及聲音（Ka）	Ka-IV-1波的特徵，例如：波峰、波谷、波長、頻率、波速、振幅。
		自然界的現象與交互作用（K）**：電磁現象（Kc）	PKc-Vc-5馬克士威方程式預測電磁場的擾動可以在空間中傳遞，即為電磁波。 PKc-Vc-6電磁波包含低頻率的無線電波，到高頻率的伽瑪射線在日常生活中有廣泛的應用。
指紋偵探	了解指紋如何形成，文章中也介紹數個鑑識人員採集指紋的方法與科學原理。	物質的組成與特性（A）：物質的形態、性質及分類（Ab）	Ab-IV-3物質的物理性質與化學性質。
		地球環境（F）：生物圈的組成（Fc）	Fc-IV-2組成生物體的基本層次是細胞，而細胞則由 醣類、蛋白質及脂質等分子所組成，這些分 子則由更小的粒子所組成。
		物質的反應、平衡及製造（J）：有機化合物的性質、製備及反應（Jf）	Jf-IV-1有機化合物與無機化合物的重要特徵。 Jf-IV-4常見的塑膠。
把日光變彩虹——光譜儀	介紹光譜儀的基本原理，並透過自製光譜儀，進一步了解光譜圖的校正與分析。	交互作用（INe）*	INe-III-7陽光是由不同色光組成。
		自然界的現象與交互作用（K）：波動、光及聲音（Ka）	Ka-IV-10陽光經過三稜鏡可以分散成各種色光。
		自然界的現象與交互作用（K）**：量子現象（Kd）	PKd-Vc-3原子光譜 PKd-Vc-4能階的概念。

*為國小課綱

**為高中課綱

導讀

科學 ✕ 閱讀二

閱讀是人類學習的重要途徑，自古至今，人類一直透過閱讀來擴展經驗、解決問題。到了 21 世紀這個知識經濟時代，掌握最新資訊的人就具有競爭的優勢，閱讀更成了獲取資訊最方便而有效的途徑。從報紙、雜誌、各式各樣的書籍，人只要睜開眼，閱讀這件事就充斥在日常生活裡，再加上網路科技的發達便利了資訊的產生與流通，使得閱讀更是隨時隨地都在發生著。我們該如何利用閱讀，來提升學習效率與有效學習，以達成獲取知識的目的呢？如今，增進國民閱讀素養已成為當今各國教育的重要課題，世界各國都把「提升國民閱讀能力」設定為國家發展重大目標。

另一方面，科學教育的目的在培養學生解決問題的能力，並強調探索與合作學習。近年，科學教育更走出學校，普及於一般社會大眾的終身學習標的，期望能提升國民普遍的科學素養。雖然有關科學素養的定義和內容至今仍有些許爭議，尤其是在多元文化的思維興起之後更加明顯，然而，全民科學素養的培育從 80 年代以來，已成為我國科學教育改革的主要目標，也是世界各國科學教育的發展趨勢。閱讀本身就是科學學習的夥伴，透過「科學閱讀」培養科學素養與閱讀素養，儼然已是科學教育的王道。

對自然科老師與學生而言，「科學閱讀」的最佳實踐無非選擇有趣的課外科學書籍，或是選擇有助於目前學習階段的學習文本，結合現階段的學習內容，在教師的輔導下以科學思維進行閱讀，可以讓學習科學變得有趣又不費力。

素養＋樂趣！

撰文／陳宗慶

　　我閱讀了《科學少年》後，發現它是一本相當吸引人的科普雜誌，更是一本很適合培養科學素養的閱讀素材，每一期的內容都包括了許多生活化的議題，涵蓋了物理、化學、天文、地質、醫學常識、海洋、生物……等各領域有趣的內容，不但圖文並茂，更常以漫畫方式呈現科學議題或科學史，讓讀者發覺科學其實沒有想像中的難，加上內文長短非常適合閱讀，每一篇的內容都能帶著讀者探究科學問題。如今又見《科學少年》精選篇章集結成有趣的《科學閱讀素養》，其內容的選編與呈現方式，頗適合做為教師在推動科學閱讀時的素材，學生也可以自行選閱喜歡的篇章，後面附上的學習單，除了可以檢視閱讀成果外，也把內文與現行國中教材做了連結，除了與現階段的學習內容輕鬆的結合外，也提供了延伸思考的腦力激盪問題，更有助於科學素養及閱讀素養的提升。

　　老師更可以利用這本書，透過課堂引導，以循序漸進的方式帶領學生進入知識殿堂，讓學生了解生活中處處是科學，科學也並非想像中的深不可測，更領略閱讀中的樂趣，進而終身樂於閱讀，這才是閱讀與教育的真諦。　🈑

作 者 簡 介

陳宗慶　國立高雄師範大學物理博士，高雄市五福國中校長，教育部中央輔導團自然與生活科技領域常務委員，高雄市國教輔導團自然與生活科技領域召集人。專長理化、地球科學教學及獨立研究、科學展覽指導，熱衷於科學教育的推廣。

近代科學之父 伽利略

伽利略（Galileo Galilei）是義大利物理學家、天文學家，為近代實驗科學的奠基者。他運用數學來分析問題，並做實驗驗證假設，他製作出的望遠鏡改善了天文觀測，更帶領歐洲走出科學知識荒蕪之地。

撰文／水精靈

16世紀的歐洲社會仍是籠罩在以教宗為首的羅馬天主教勢力之下，亞里斯多德的哲學觀則是被奉為圭臬，任何的言論與學說都必須與他一致，不能有所抵觸。

在科學上，雖然亞里斯多德提出了不少精闢的理論，卻有不少錯誤的見解。他認為地球位於宇宙的中心，太陽、月球與其他行星則是繞著地球旋轉；這樣的宇宙觀受到宗教人士的歡迎，因為上帝依他的形象創造了人，而地球就是在宇宙的中心。所以當哥白尼打著日心說的旗幟，揭竿而起，立刻遭到眾人指責與攻訐。此時，伽利略挺身而出，加入這場科學與宗教的神學之戰。

1633 年 4 月，羅馬的宗教法庭。被告席內，一位滿頭白髮的老人獨自站著。

雖然他面帶倦容，卻昂然而立。老人遭到法庭連續不斷的審訊，因為他宣稱地球不是宇宙的中心，得罪了教宗烏爾班八世，不太可能輕易脫身！

這位老人就是後來被愛因斯坦譽為現代科學之父的伽利略。他提出的科學論點被視為對天主教的挑釁，得為這樣一個異端邪說付出嚴重的代價。伽利略受到殘酷的刑罰與拷問，被迫不得相信與宣傳哥白尼的日心說，否則等待他的就是火刑！而在 30 年前，哲學家布魯諾就是被宗教法庭以異教徒的罪名送上火堆，活活燒死在羅馬的鮮花廣場。

這天，是等待審判最終判決的日子。

「伽利略，因宣傳異端邪說，被判有罪，終身監禁！」

雖然他被迫承認自己學說的錯誤，並在「悔過書」上簽字認罪，但真理仍如他的喃喃自語：「地球還是在轉動啊！」

求學之路

1564 年伽利略生於義大利的比薩市，父親是沒落的貴族，在音樂上的造詣很高，更是一位數學家。由於父親厭惡思想僵化的個

科學的真理
不在蒙上灰塵的古代著作中，
而是存在於宇宙、自然界
這部最偉大的無字書中。

性，拒絕接受既定框架下的知識，耳濡目染之下，也造就了伽利略樂於接受新觀念與挑戰，但是做為音樂家與數學家的父親深知，即使擁有這兩種學問，日後要是做為職業的話，在當時的羅馬帝國無法存得人生的第一桶金，於是伽利略在 17 歲時進入比薩大學，依照父親的指示，學習醫學。

好辯的求學生活

伽利略在比薩大學的第一學期，就對醫學毫無興趣。他利用閒暇時間選修數學，因此遇上改變自己一生的數學大師里奇。

上了幾次數學課後，伽利略對這門充滿邏輯性的學問著迷。里奇也注意到這位認真聽講、愛問問題的學生，認為他將是數學界的明日之星，便開始指導他閱讀阿基米德和歐幾里德等人的著作，也為日後伽利略的科學研究打下深厚的基礎。

出於對數學的熱愛，伽利略在第一學期結束前，便轉入數學系。

先前提過，亞里斯多德的學說與教會的神學結合在一起，他的理論不容懷疑。但伽利略指出亞里斯多德並未親自做過任何實驗，只靠著邏輯推導得出結論，這樣失之偏頗，以偏概全，加上他生活在距離當時的 2000 多年以前，很多事物都隨時間發生變化，亞

里斯多德不可能都是對的！

為此，伽利略經常在學校與其他反對者爭論，因而獲得了「好辯者」的稱號。即使伽利略偶爾會爭論到面紅耳赤，但他以理服人，更是個溫良恭儉讓的學生，在同儕之中十分受歡迎。

鐘擺的等時性

伽利略每周都到比薩教堂做禮拜。有一天，他聽著台上冗長的講道，眼神開始游移落在教堂天花板上來回擺動的吊燈。

「是風從敞開的窗戶吹了進來，風大時，吊燈來回擺動的弧度較大；風小時，弧度較小。儘管擺幅不同，每次擺動所花的時間好像都一樣？」他凝視著吊燈思考著。

由於伽利略手邊並沒有工具可以精確計算擺動的時間，他便以自己的脈搏來測數。

當講道結束，他也有了初步的結論：「不論風吹得大或小而導致擺幅改變，每次擺動的時間都是一樣的。」

回家後，他以不同長度的線來懸掛重物，再以自己的脈搏來測量擺動所需的時間，也確定了自己的想法正確，這就是鐘擺的等時性。之後伽利略進行了更多的實驗，固定擺長，改變懸掛物體的重量或材質，測量並記錄擺動的時間。最後得到一個結論：「擺

伽利略大事記

出生	17歲	19歲	25歲
1564 年出生於義大利比薩市的沒落貴族家庭。	進入比薩大學，學習醫學，後來轉到數學系。	發現了鐘擺的等時性。	擔任比薩大學數學教授。

動所需的時間與擺錘重量無關，而是與擺繩長度的平方根成正比。」

當時伽利略無法解釋這個規律性，一直到下個世紀，科學家才找出答案。雖然如此，這已是物理學上一個重大的發現！

1585 年，伽利略沒有取得大學學位就離開了比薩大學。回到家鄉靠著自己出色的數學，與鐘擺等時性的發現帶來名聲，態度親切和個性友善的他，因此結交許多朋友。

在閒暇之餘，伽利略把一切時間都用於數學與研讀阿基米德的槓桿和浮力理論，開始自學和做實驗。隔年，他發表了一篇關於「流體靜力平衡」的論文，並根據其原理，製作出一種測量金屬比重的儀器；之後，伽利略又寫了一篇以數學計算為主的文章《物體的重心》。這一切都顯現出他在科學方面的才能。

他也因此經由恩師里奇的介紹，認識了熱愛科學並贊助他許多研究的馬奎斯侯爵。之後在馬奎斯的推薦之下，伽利略重返比薩大學，擔任數學系教授。

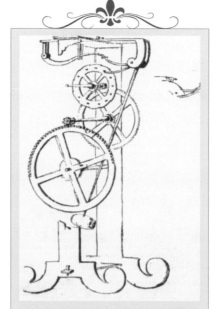

伽利略設計出歷史上第一個單擺時鐘，這張繪圖手稿是由他的兒子代為完成的。

自由落體實驗

伽利略在比薩大學任教時，熱衷於研究有關運動的問題。他曾經寫了一本書，對亞里斯多德的自由落體定律提出挑戰。

他用公開實驗印證自己的發現，就是赫赫有名的比薩斜塔實驗。

這天伽利略帶了兩顆重量不同的鐵球前往比薩斜塔。此時，在斜塔的廣場上早已擠滿好奇的學生和教授，學校裡的報馬仔四處宣傳：「來來來！緊來緊看，慢來你就減看一半！伽利略教授將在比薩斜塔進行新奇有趣的實驗。歡迎大家樓上揪樓下、阿公揪阿嬤、阿母揪阿爸、厝邊揪隔壁！」

伽利略爬上斜塔，清了清喉嚨說：「長期以來，亞里斯多德的理論告訴我們，兩個不同重量的物體自高處同時落下，較重的物體會比較輕的先落地。」

「在我左手中的是重量 1 磅的鐵球，右手中的是重量 10 磅的鐵球。現在我要讓各位看看，到底是誰說的對！」伽利略說完雙手一放，兩顆鐵球便從斜塔上垂直落下，幾

27 歲	**28** 歲	**45** 歲	**68** 歲	**69** 歲	**78** 歲
於比薩斜塔上進行著名的自由落體實驗。	受聘擔任帕多瓦大學數學教授。	改良望遠鏡，開始觀測天體；隔年便出版《星際使者》。	出版《關於兩大世界體系的對話》，為哥白尼的日心說辯護。	於羅馬接受宗教法庭的審判。	辭世。

乎同時抵達地面。

　　事實證明，亞里斯多德錯了。雖然那些保守而固執的教授與學生臉都被打腫了，卻不願承認眼前這個事實。而早在伽利略進行這個著名的自由落體實驗之前，荷蘭的工程師史帝文就以鉛球做過相同的實驗。在伽利略逝世 50 年後，科學家波以耳將一顆鉛球與一根羽毛放進真空管內，從同一高度自由釋放，在去除空氣阻力的影響之下，鉛球與羽毛也是同時落下到管子底部。

　　1592 年，伽利略受聘擔任帕多瓦大學數學教授。由於此地的領導者是一群思想前衛的貴族，鼓勵自由研究和新思想，對於伽利略這位「反亞里斯多德的思想家」來說，更能盡情的發揮所長。在帕多瓦大學任教的 18 年裡，是伽利略科學研究的黃金時期。

　　雖然伽利略自由落體的實驗成功，但他仍無法解釋落下時的速度變化，根本的原因在於缺乏準確的計時器。聰明的他想到了解決辦法，就是讓球沿著一塊斜面滾落。由於球沿著斜面滾下所花的時間比起自由落體久，這樣就能粗略計時，測量出速度變化。

　　經過實驗之後，伽利略發現沿著斜面或垂直落下的物體，影響速度的不是重量，而是落下的距離。

　　伽利略也根據浮力原理，製作溫度計，目前大家使用的水銀溫度計，是他的學生托里切利發明的。因為這些研究獲得的成果，伽利略當時已成為歐洲相當有名的科學家。

改良望遠鏡

　　1594 年，伽利略閱讀了哥白尼的《天體運行論》，引發對天文學和日心說的興趣。不久後，收到克卜勒寄來的《宇宙的奧祕》一書，書中公開支持哥白尼的宇宙觀——地球與其他行星，都是繞著太陽轉動。

　　伽利略被這樣的觀點所震撼，希望自己有

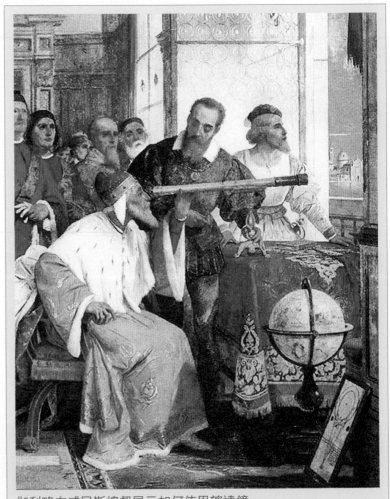

伽利略向威尼斯總督展示如何使用望遠鏡。

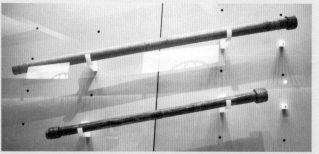

伽利略製作的望遠鏡模型，目前收藏於義大利伽利略博物館。左圖為伽利略望遠鏡中的接物鏡一端，使用凸透鏡，另一端接目鏡使用的則是凹透鏡。

一天能親自證明哥白尼的論點。

1609 年，伽利略改良荷蘭鏡片廠商漢斯的望遠鏡，並開始用它來觀測星空。他首先發現月球表面滿布坑洞，並不像亞里斯多德所說，月球是完美無瑕的球體。

接著，他發現木星有環繞著它運轉的四顆衛星；而在連續幾個月觀測金星的期間，他發現金星像月亮一樣會盈虧——那麼金星應該是繞著太陽旋轉，而非繞著地球轉。

伽利略將一連串的發現記錄下來，並寫成著作《星際使者》。這些觀測間接證明了哥白尼的日心說，對亞里斯多德的學說予以重擊，也為他帶來牢獄之災。

《星際使者》出版之後，立即引來許多不滿。1616 年，羅馬教廷為了鞏固權威，將《天體運行論》列為禁書，更不准公開談論哥白尼的學說，就是著名的「1616 禁令」。

1623 年，新任教宗烏爾班八世要求伽利略寫一本雙方辯點的書。

教宗的意思就是說：「我給你機會，你要按照我的遊戲規則走，並且要以哥白尼的觀點錯誤做為結論！」

十年磨一劍，伽利略卻是九年著一書。1632 年，他完成了不朽名著《關於托勒密和哥白尼兩大世界體系的對話》（簡稱《對話》）。書中採用對話形式來解說兩種宇宙體系，實際上卻是宣揚哥白尼的日心說。

此舉讓教宗相當生氣，於是伽利略就被傳喚至羅馬教廷受審。

之後伽利略被迫承認學說錯誤，並無限期在家監禁。但他反而開始撰寫《關於兩種新科學的對話》，記載自己關於物體運動的研究，並指出亞里斯多德的錯誤。

1642 年伽利略走完他偉大的一生。同年，牛頓（可以說是伽利略的傳人）在英國誕生，說是巧合也不為過。

1853 年，天主教廷解除伽利略的著作為禁書之令。1992 年，教宗若望保祿二世發表聲明，承認教會對伽利略的錯誤判決，他長達 350 年的冤屈終於大白。 ㉖

水精靈　隱身在 PTT 裡的科普神人，喜歡以幽默又淺顯易懂的方式和鄉民聊科普，真實身分據說是科技業工程師。

近代科學之父──伽利略

國中理化教師　何莉芳

主題導覽

　　伽利略是義大利物理學家、天文學家，更是近代實驗科學的奠基者。他運用數學來分析問題，並做實驗來驗證假設，例如著名的單擺實驗、自由落體實驗與斜面實驗，他也發明了測量金屬比重的儀器和溫度計。而他製作出的望遠鏡不僅改善了天文觀測，也發現金星像月亮一樣會盈虧，使伽利略認為金星應該是繞著太陽旋轉，而非繞著地球轉，因而支持日心說，更帶領歐洲走出科學知識荒蕪之地。

　　〈近代科學之父──伽利略〉帶我們了解伽利略的生平。閱讀完文章後，你可以利用「關鍵字短文」和「挑戰閱讀王」了解自己對這篇文章的理解程度；「延伸知識」補充伽利略望遠鏡的原理，以及伽利略溫度計的介紹。最後是「延伸思考」，如果你置身於伽利略的年代，面對科學與真理，會做出什麼選擇？

關鍵字短文

　　〈近代科學之父──伽利略〉文章中提到許多重要的字詞，試著列出幾個你認為最重要的關鍵字，並以一小段文字，將這些關鍵字全部串連起來。例如：

關鍵字：1. 等時性　2. 自由落體　3. 斜面實驗　4. 望遠鏡　5. 日心說

短文：伽利略發現了鐘擺的等時性，並對自由落體定律提出了挑戰，以實驗證明兩顆鐵球從斜塔上垂直落下，幾乎同時抵達地面。他也進行斜面實驗，測量出落下距離與速度變化的關係。伽利略還改良望遠鏡用來觀測星空，觀測結果間接證明了哥白尼的日心說，而對亞里斯多德的「地球就是在宇宙的中心」學說予以重擊。

關鍵字：1.＿＿＿＿＿　2.＿＿＿＿＿　3.＿＿＿＿＿　4.＿＿＿＿＿　5.＿＿＿＿＿

短文：＿＿＿＿＿＿＿＿＿＿＿＿＿＿＿＿＿＿＿＿＿＿＿＿＿＿＿＿＿＿＿＿＿＿＿

＿＿＿＿＿＿＿＿＿＿＿＿＿＿＿＿＿＿＿＿＿＿＿＿＿＿＿＿＿＿＿＿＿＿＿＿＿＿

＿＿＿＿＿＿＿＿＿＿＿＿＿＿＿＿＿＿＿＿＿＿＿＿＿＿＿＿＿＿＿＿＿＿＿＿＿＿

挑戰閱讀王

看完〈近代科學之父──伽利略〉後，請你一起來挑戰以下題組。

答對就能得到👍，奪得 10 個以上，閱讀王就是你！加油！

☆小傑參觀科學名人堂，看到一位科學家的介紹：這是第一位在實驗與理論皆有重
大貢獻，並說出：「數學是自然的語言」的物理學家！

（　）1.請問這位科學家是誰？（答對可得 1 個👍）

　　　①哥白尼　②伽利略　③牛頓　④愛因斯坦

（　）2.下列哪句敘述不會出現在這位科學家的事蹟介紹中？（答對可得 1 個👍）

　　　①信仰亞里斯多德理論

　　　②將物理實驗事實和邏輯推理（包括數學推理）和諧的結合起來

　　　③為近代實驗科學的奠基者

　　　④帶領歐洲走出科學知識荒蕪之地

（　）3.科學名人堂展示這位科學家的許多發明，有些雖然不是他直接發明，但後
代的改良也帶動未來的發展。其中哪一項不該出現？（答對可得 1 個👍）

　　　①測量金屬比重的儀器　②溫度計　③望遠鏡　④顯微鏡

☆在比薩教堂中，伽利略因為觀察到吊燈，因而注意到「不論風吹得大或小而導致
擺幅改變，每次擺動的時間都是一樣的。」他也進一步做更多的實驗，固定擺長，
改變懸掛物體的重量、或材質，測量並記錄擺動的時間關係。

（　）4.在擺的實驗，伽利略用什麼工具來測量時間？（答對可得 1 個👍）

　　　①手錶　②比薩斜塔上的大鐘　③擺鐘　④自己的脈搏

（　）5.小傑與小欣模仿伽利略進行單擺實驗，小傑以自己的心跳測量，而小欣則
是利用碼表計時，得到的數據如下表。小傑發現當單擺擺動 20 次，他的
心跳 45 次，試問小傑心跳約每分鐘多少次？（答對可得 2 個👍）

擺動次數	10	20	30	40	50
時間（秒）	15.1	30.0	44.8	60.1	75.2

　①40　②60　③90　④120

（　　）6.由小欣的數據可推知下列哪一項結論正確？（答對可得 2 個👍）

　　　　①單擺擺動所需時間與擺長成正比關係

　　　　②單擺擺動所需時間與擺動次數成正比

　　　　③單擺擺動所需時間與擺角無關

　　　　④單擺擺動所需時間與擺錘質量無關

（　　）7.從上面的結果分析單擺平均擺動一次所需的時間，主要可以驗證什麼？

　　　　（答對可得 1 個👍）

　　　　①單擺具有等時性　②小傑心跳非常穩定

　　　　③小欣實驗態度認真　④就算不在比薩斜塔也能成功

☆伽利略最著名的是在比薩斜塔上進行的自由落體實驗。他當時用不同重量的兩顆
　鐵球，雙手一放、不施加任何外力，讓兩顆鐵球從斜塔上垂直落下，證明不同輕
　重的鐵球會同時抵達地面。

（　　）8.這個實驗的目的主要是證明誰的理論有錯誤？（答對可得 1 個👍）

　　　　①哥白尼　②牛頓　③亞里斯多德　④愛因斯坦

（　　）9.如果伽利略以鉛球與羽毛在比薩斜塔進行實驗，請幫他預測實驗結果會是

　　　　什麼情況呢？（答對可得 1 個👍）

　　　　①成功，鉛球與羽毛同時著地

　　　　②成功，比薩斜塔地點特殊，物體都會同時落地

　　　　③失敗，不能用其他材質物體，只有鐵球才能成功

　　　　④失敗，羽毛受明顯的空氣阻力較慢落地

（　　）10.雖然伽利略在比薩斜塔的實驗成功了，但並未真正證明物體會同時落

　　　　　下。你知道怎麼改善實驗條件，才能證明伽利略自由落體的理論嗎？

　　　　　（答對可得 1 個👍）

　　　　　①改在室內進行，減少風的影響

　　　　　②變化太快了，改用斜面實驗代替垂直落下以延長時間

　　　　　③降低實驗的高度，比薩斜塔高度太高了

　　　　　④在真空環境下，去除空氣阻力的影響

（　）11. 伽利略為了測量速度變化，因此改讓球沿著一塊斜面滾落。由於球沿著斜面滾下所花的時間比起自由落體長，所以能粗略計時。仔細閱讀文章，伽利略的斜面實驗證明影響球速的關鍵是什麼？（答對可得到 1 個👍）
①球的重量　②球落下的距離　③球的大小　④斜面的粗糙程度

☆ 1594 年，伽利略閱讀了哥白尼的《天體運行論》，引起他對天文學的興趣。後來將自己一連串的發現記錄下來，並寫成《星際使者》這本書，只是這些發表也為他帶來牢獄之災。

（　）12.「哥倫布發現了新大陸，○○○發現了新宇宙。」這是在描述因為發明了望遠鏡，而得以發現宇宙中行星繞太陽的真相，請問○○○是指誰？
（答對可得 1 個👍）
①牛頓　②伽利略　③哥白尼　④愛因斯坦

（　）13. 哥白尼與伽利略的學說均受到基督教會的壓迫，主要是因為他們的何種學說與教會思想產生爭端？（答對可得 1 個👍）
①物種起源　②優勝劣敗　③適者生存　④太陽中心說

（　）14. 伽利略透過觀察與推論，逐一推翻了古代的天體理論。下列哪兩項觀察最可以支援太陽中心說？（多選題，答對可得 2 個👍）
①月球表面布滿坑洞，而地球和月球是類似物體，因此地球也是天體之一
②木星有環繞著它運轉的四顆衛星，證實並非所有天體都繞著地球運行
③金星和月球一樣有圓缺的循環，再加上金星總是在太陽附近出現，所以金星應該是繞著太陽運行的
④發現太陽表面有許多黑點，黑點移動得很緩慢，顯示太陽本身在自轉

延伸知識

1. **伽利略望遠鏡**：是由一片凸透鏡（物鏡）與一片凹透鏡（目鏡）組成，鏡筒短，結構簡單，光束在經過物鏡後、未生成實像以前，落在目鏡上經過發散，而成為放大的正立虛像。

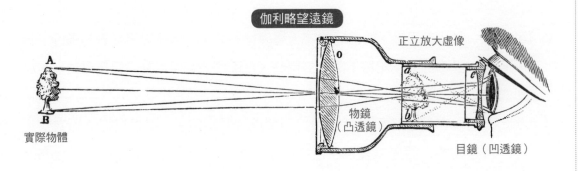

伽利略望遠鏡

正立放大虛像

物鏡（凸透鏡）

目鏡（凹透鏡）

實際物體

2. **伽利略溫度計**：伽利略發明的氣溫計（Thermo-scope）是現代溫度計的雛型，主要構造以球形玻璃器皿連接細長玻璃管，再將玻璃管末端插進染色液體中。當環境降溫時，玻璃球內的氣體收縮，使得球泡內部壓力減小，玻璃管內水柱上升。反之，環境變暖、溫度上升，玻璃球內的氣體膨脹，水柱就會往下。

而現在常見被稱為「伽利略溫度計」的溫度計（右下圖），是利用浮力原理，並不是伽利略發明的。這種溫度計的玻璃管中裝有定量液體，液體中懸浮數個不同顏色、不同密度的玻璃小球；每個小球下面都掛著一個小牌子，標示溫度。當氣溫改變時，液體的密度會隨之改變，使得懸浮的玻璃小球上下移動，直到與周圍的液體密度相等。而上浮小球中，最下方小球的吊牌溫度，就代表當時的氣溫。

圖片來源：Shutterstock、Wikimedia Commons

延伸思考

1. 伽利略對科學貢獻極大，為了紀念他，許多物品以伽利略來命名。例如木星四大衛星，合稱伽利略衛星；第一個圍繞木星公轉的太空飛行器稱為伽利略號探測器等等。請利用圖書館、網路查閱相關資料，查查看還有哪些東西也是以伽利略來命名？

2. 亞里斯多德的想法和觀念影響及統治人們的思想長達兩千年之久，直到伽利略、牛頓時代，才有了另一番新的見解。亞里斯多德的想法真的荒謬可笑嗎？為什麼兩千年來大家都深信不移？假設你穿越到科學還沒發達的年代，試試看用亞里斯多德的觀點去看世界。

3. 伽利略被迫承認自己的學說錯誤，並簽字認罪。如果你跟伽利略一樣發現了反駁當時想法的科學事實，你會選擇公開聲明，挑戰權威嗎？還是選擇低調隱藏？請說說你的理由。

4. 以前要追蹤物體的動態畫面很不容易，但現在已經可以透過手機或影像慢速攝影功能。利用隨手的物品，以及手機慢速攝影（或慢速播放）功能，拍攝記錄自由落體，觀察這些物體在空中落下的變化。

明察秋毫的
鷹眼

網球比賽中常用鷹眼判斷
球是不是落在界內，
這麼做真的看得比裁判準確嗎？

撰文／趙士瑋

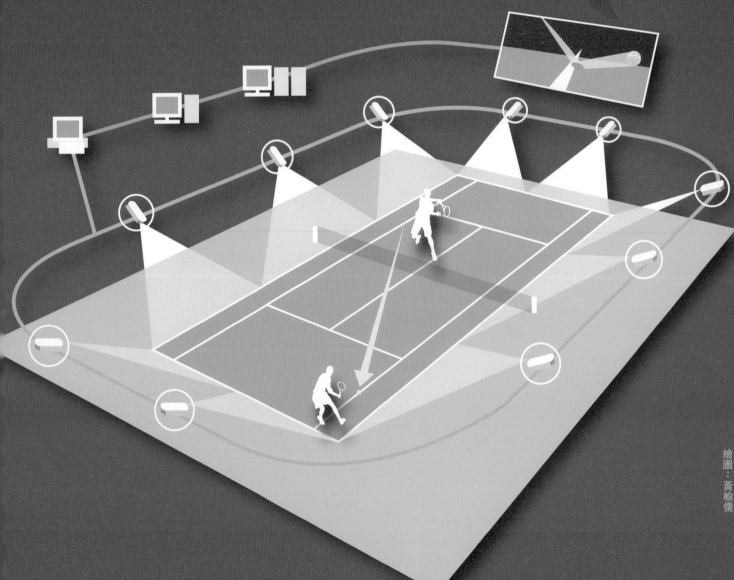

繪圖：黃榆儒

澳洲網球公開賽決賽，「瑞士特快車」費德勒與「蠻牛」納達爾捉對廝殺，費德勒發出關鍵的一球。「OUT！」球被線審判定出界。費德勒看了一看，舉起手來，「挑戰！」球場的大螢幕上播放出「鷹眼」系統的畫面，球往前飛、再飛，然後落地……是個剛好削到邊線的界內球！究竟這個「鷹眼」是何方神聖，可以如此準確的判斷球的落點？又為什麼我們要相信鷹眼而不是裁判的判斷呢？

鷹眼系統的誕生

我們不得不承認，在運動的世界中，只要以人做為裁判，就難免會有某種程度的誤差。以網球為例，隨著科技與球員訓練方法的進步，平均球速愈來愈快，裁判要在球落地的瞬間判定球與邊線有沒有一絲絲的接觸，變得愈來愈困難。而職業運動產業的蓬勃發展，使得每一場勝負牽涉的利益日益增加，每一個判決當然都被放大檢視。因此尋求比人眼更讓人心服口服的裁判方法，可說是勢在必行。

高速攝影機的出現，似乎帶來了一線曙光。影像速率（也就是每秒可以拍攝的張數）達到每秒數百、甚至數千個畫格，讓我們能更細緻的觀察球的移動。既然這樣，如果在球場邊線上架設高速攝影機，把球落地的瞬間拍攝下來，不就一勞永逸了嗎？

可惜的是，攝影機架設的位置是固定的，球落地的位置則不固定，當球離攝影機愈遠，就愈難看清楚。同時，照片拍下的時間間隔是事先決定的，並不會隨著來球做調整，也就是說球落地的瞬間很有可能剛好在兩個畫格之間。事實上，說落地的「瞬間」本身就不太精確，因為球既然是非光滑的彈性體，觸地反彈時會發生形變，甚至貼地滑行一段距離，和地面的接觸會維持一段時間，這更增加了判斷最早觸地點的難度。

不過，正因為高速攝影機的利用，2001年英國工程師霍金斯率領的團隊才能開發出「鷹眼」系

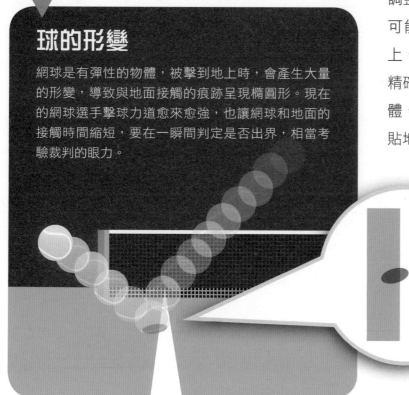

球的形變

網球是有彈性的物體，被擊到地上時，會產生大量的形變，導致與地面接觸的痕跡呈現橢圓形。現在的網球選手擊球力道愈來愈強，也讓網球和地面的接觸時間縮短，要在一瞬間判定是否出界，相當考驗裁判的眼力。

三角定位法

所謂的三角定位法是數學上「三角函數」的應用：想要測量遠處某點的座標位置，需要兩個已知座標的參考點（兩臺攝影機），分別測量各參考點與待測點、另一參考點連線所形成的夾角（兩臺攝影機分別與網球之間的夾角），加上已知兩參考點間的距離（兩臺攝影機的距離），就可以算出。

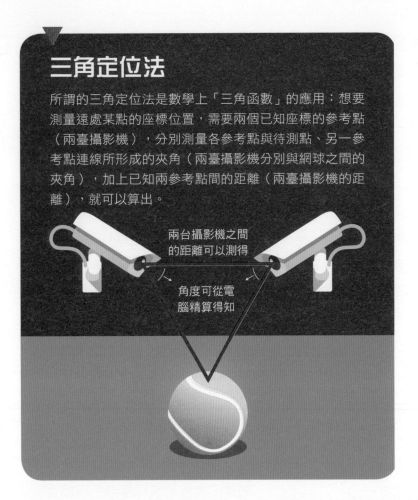

兩台攝影機之間的距離可以測得

角度可從電腦精算得知

速攝影機之間保持拍下相片的時間同步，因此在同一時間，攝影機會從不同角度捕捉到正在飛行的球的影像。這些影像雖然僅屬於二維，但經由電腦進行三角定位法的運算後，就能得到該瞬間球在三度空間中的座標，提供下一步電腦計算使用。

2 將畫格與畫格間的飛行軌跡以模擬計算補齊

在前一步驟中，算出了球在各個瞬間的位置，但要建構出完整的飛行軌跡，勢必要把點與點中間不連續的部分補上。怎麼補呢？這可不是簡單畫一條線就能了事的，鷹眼系統會納入事先蒐集的球場參數，例如風向、風速、溫度、溼度等，根據這些參數對球飛行速度與方向的影響，做精密的計算。

3 預測球觸地時的落點與接觸面

既然建構出球完整的飛行軌跡，就可以將其延伸出去，預測落地前、沒有確切影像的那一小段時間中的行進路線，從而「算出」球與地面接觸時的位置座標。但故事到此還沒結束！最後還要計算球觸地後產生的形變，除了球本身的速度、重量、彈性外，還要考慮場地的材質與硬度。而這一連串電腦運算的結果，就是電視轉播上看到的橢圓形「球痕」了！

統的雛形。有趣的是，鷹眼最早並非用在網球，而是英國流行的運動——板球！直到2006 年，網球的大滿貫賽才正式引進鷹眼系統。

鷹眼的運作原理

正式名稱為「即時回放系統」的鷹眼，判斷球的出界與否並非仰賴銳利的目光，而是精密的計算。對每一個來球，鷹眼系統都會進行以下步驟：

1 在每一個畫格中，計算球在空間中的位置

鷹眼系統連線至場邊設置的多臺高速攝影機（網球大滿貫賽使用多達十臺），這些高

繪圖：黃榆儒

失之毫釐，差之千里——
鷹眼的誤差

　　鷹眼系統進行運算的基礎，是測量到的位置與環境參數，既然測量不可能完全準確，鷹眼系統當然也會有誤差。不過根據官方公布的數據，鷹眼的平均誤差僅有 2.6 公釐（大約相當於網球表面的絨毛長度），而且可以預期，隨著高速攝影機的影像速率愈來愈高，在球的飛行過程中就能拍下更多資料點做為鷹眼系統計算的基礎，軌跡的運算將會更加準確，誤差也能進一步降低。

　　話又說回來，縱使鷹眼比起人眼要準確得多，但對於那些極為接近的球，鷹眼只不過造成了另一種不確定性。觀看網球比賽轉播時，不是常有鏡頭放大、再放大，觀眾才看得出是界內或界外的情形嗎？是否有可能「實際上」的情況不像鷹眼所顯示，而是因

站位分析

鷹眼系統也可以統計出球員在球場上的跑動情形，進而看出球員的戰略。

為誤差影響了出界與否的認定？答案自然是肯定的。那麼對於球迷而言，鷹眼的誤判是否真的比人為的誤判能令人接受？

　　姑且不論鷹眼系統微小的誤差，目前計劃引進鷹眼的運動項目愈來愈多，除了棒球可能以其輔助好壞球判決之外，足球也將用鷹眼判斷爭議球是否落在球門線內而進球。

　　我們終將面對的問題是，未來的某一天，鷹眼有沒有可能完全取代人類裁判？不同意的人可能會主張鷹眼系統目前造價太高、即時性（也就是運算速度）還有待加強，不過隨著技術的進展，這些障礙都將逐漸消弭。唯一有待克服的，或許還是體育界「悠久傳統」的那一面。 🔬

落點分析

鷹眼系統可以統計出球賽中選手發球的落點位置，供球評即時的解說，也提供選手賽後檢討的資料。

●ACE* ○一發 ●二發

48%	52%	57%	43%
80%	20%	85%	15%

* 指發球方發出的球，落在對手的有效區內。

趙士瑋　目前任職專刊律師事務所，與科技相關的法律問題作伴。喜歡和身邊的人一起體驗科學與美食的驚奇，站上體重計時總覺得美食部分需要克制一下。

明察秋毫的鷹眼

國中理化教師　何莉芳

主題導覽

運動的世界中，只要以人類做為裁判，難免會有誤差。網球比賽中常用鷹眼來判斷球是否落在界內，究竟鷹眼是不是真的看得比裁判還準確呢？

鷹眼系統連線至場邊設置的多臺高速攝影機，在球的飛行過程中拍下多個資料點，再根據位置與環境參數進行運算，使軌跡的描繪更加準確，也能進一步降低誤差。

〈明察秋毫的鷹眼〉說明了鷹眼系統的運作原理。閱讀完文章後，你可以利用「關鍵字短文」和「挑戰閱讀王」了解自己對這篇文章的理解程度；「延伸知識」中補充選手對判決產生疑問時，可提出「挑戰」，以及主辦單位的處理方式。並請思考看看，只用一台高速攝影機是否可行？希望這些知識能讓你更深入的理解鷹眼。

關鍵字短文

〈明察秋毫的鷹眼〉文章中提到許多重要的字詞，試著列出幾個你認為最重要的關鍵字，並以一小段文字，將這些關鍵字全部串連起來。例如：

關鍵字： 1. 鷹眼系統　2. 即時回放　3. 高速攝影　4. 三角定位　5. 飛行軌跡

短文： 鷹眼系統的正式名稱為「即時回放系統」。透過場邊設置的多臺高速攝影機連線，將同一時間、不同角度的影像資料回傳，經電腦進行三角定位法的運算，得到某個時間點球在三度空間中的座標。除了可以建構出球完整的飛行軌跡，還能預測球在落地前、沒有確切影像的那段時間的行進路線，從而「算出」球與地面接觸的位置座標。

關鍵字： 1.＿＿＿＿ 2.＿＿＿＿ 3.＿＿＿＿ 4.＿＿＿＿ 5.＿＿＿＿

短文： ＿＿＿＿＿＿＿＿＿＿＿＿＿＿＿＿＿＿＿＿＿＿＿＿＿＿＿＿＿＿＿

＿＿＿＿＿＿＿＿＿＿＿＿＿＿＿＿＿＿＿＿＿＿＿＿＿＿＿＿＿＿＿＿＿＿

＿＿＿＿＿＿＿＿＿＿＿＿＿＿＿＿＿＿＿＿＿＿＿＿＿＿＿＿＿＿＿＿＿＿

挑戰閱讀王

看完〈明察秋毫的鷹眼〉後，請你一起來挑戰以下題組。

答對就能得到👍，奪得 10 個以上，閱讀王就是你！加油！

☆一場大滿貫賽事的線審有 11 名，球場前後各有 3 名線審，左右兩邊各有 2 名線審，當網球落於地面，線審必須在瞬間判斷球在界內或界外。小欣與小傑喜歡看網球比賽，這場比賽進行到關鍵的一球時，聽到了線審判定出界：「OUT！」但從電視轉播畫面看起來，這一球剛好削到邊線，究竟是界內球？還是界外球呢？

（　　）1.下列哪一種情況會造成職業賽事、球員與線審對界外球的判決爭議？

（多選題，答對可得 2 個👍）

①這個地方剛好沒有攝影機，其他攝影機角度太遠看不到

②雖然有架設攝影機，但是影像速率不夠，球速太快，沒拍到落地瞬間

③網球和地面的接觸時間太短，要立即判定是否出界，考驗裁判的眼力

④網球觸地反彈時會發生形變與滑行，增加判斷最早觸地點的難度

（　　）2.只見球員舉起手來，「挑戰！」球場的大螢幕上播放出「鷹眼」系統的畫面，球往前飛、再飛，然後落地……是個剛好削到邊線的界內球！這裡的「挑戰」是指什麼？（答對可得 1 個👍）

①挑戰裁判判決　②挑戰比賽規則　③挑戰自己　④挑戰對手

（　　）3.球場的「鷹眼系統」指的是什麼？（答對可得 1 個👍）

①學習老鷹的高度，在高處架設多個攝影機監控全場

②其實就是在場地裝置的多個針孔攝影機

③搭配高速攝影機與電腦運算的即時回放系統

④在場邊四周，放置許多老鷹雕像助陣，代表比賽公正與氣勢

（　　）4.網球比賽中使用鷹眼的主要目的是什麼？（多選題，答對可得 2 個👍）

①不信任裁判

②廠商贊助非用不可

③透過高速攝影機，克服人類觀察能力上的極限和盲區

④幫助裁判做出精確公允的判斷

（　）5.從鷹眼系統呈現出來的畫面是什麼模樣？（答對可得 1 個👍）

①放大爭議球與邊線的接觸點的影像畫面

②將比賽真正影像以慢動作進行多次重播

③透過電腦運算，將球落地瞬間影像定格

④顯示球的軌跡與邊線印痕的電腦模擬圖形影像

（　）6.為什麼在鷹眼系統，看到的網球在邊界上的球痕會是橢圓形呢？

（答對可得 1 個👍）

①球落地時在邊界上劃出的擦痕

②網球是有彈性的物體，擊到地上時會產生形變

③選手擊球力道太強，造成地面凹陷

④因燈光照射網球而在地面產生的橢圓形陰影

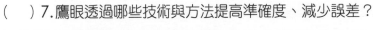

（　）7.鷹眼透過哪些技術與方法提高準確度、減少誤差？

（多選題，答對可得 2 個👍）

①利用精密的高速攝影機與運算強大的電腦

②利用三角定位計算出該瞬間球在三度空間中的座標

③納入風向、風速、溫度、溼度等球場參數，進行精密計算

④計算球觸地後產生的形變，考慮球本身的速度、重量、彈性，以及場地
材質與硬度

（　）8.哪些球類比賽較不需要引入鷹眼系統協助判決？（答對可得 1 個👍）

①網球比賽判斷網球是否出界

②籃球比賽判斷籃球是否入網

③足球比賽判斷是否落在球門線內而進球

④棒球比賽輔助好壞球判決

（　）9.哪一項不是鷹眼系統主要可提供的用途？（答對可得 1 個👍）

①爭議球落點分析，協助裁判判決

②提供另一種分析畫面，增加轉播的娛樂性

③球員站位分析，統計出球員在球場上的跑動情形，進而看出球員的戰略

④統計球賽選手發球的落點位置，提供賽後檢討調整

（　）10.目前鷹眼系統還沒有普遍出現在各大比賽的原因為何？

（多選題，答對可得 2 個👍）

①鷹眼系統造價太高

②即時性不足，電腦計算需要時間，可能會影響比賽

③鷹眼系統還是存在誤差與不確定性

④比賽缺少「傳統」與「人味」，人們還是習慣裁判角色

延伸知識

1. **挑戰**：裁判判斷會有些偏差，選手可以提出判決異議、挑戰（challenge）鷹眼。挑戰鷹眼其實就是挑戰裁判，例如有些比賽規定，每場比賽選手有兩次挑戰機會，挑戰成功維持次數，失敗則扣除一次機會，兩次挑戰失敗則失去挑戰權。

2. **高速攝影機**：職業球員的擊球速度非常快，加上球在球場上的飛行路線不可預測，所以必須要有強大的對焦系統與追焦系統。如果只用一台高速攝影機的話，即使拍到影像，精確度和可靠性仍會受到質疑。以鷹眼來說，用多台高速攝像機，每台負責某個固定區域，透過定位分析與環境參數計算，誤差就能減少。

3. **鷹眼分析的限制**：鷹眼分析在哪種球類比賽中，具有一定難度呢？答案是羽球。因為大部分的球是球體，但羽球是圓錐狀，會以旋轉的方式快速飛行；加上羽球很輕，容易受到場地空調風向及空氣溼度的影響。比賽過程中，羽毛還會逐漸破損，影響球速與旋轉，增加電腦判斷羽球飛行落點及位置的困難性。

延伸思考

1. 上網查詢一場比賽「2017 年的澳洲網球公開賽冠軍戰」，由費德勒（Roger Federer）和納達爾（Rafael Nadal）上演了一場五盤大戰，特別是費德勒在冠軍點時緊盯大螢幕看著鷹眼判決……最後欣喜若狂跳起來、慶祝得冠的模樣，值得好好欣賞！

2. 鷹眼系統有沒有鬧過烏龍呢？它真的這麼厲害嗎？如果所有比賽全面啟動鷹眼系統，你是否支持由人工智慧（AI）取代人類裁判呢？請說說你的理由。

自來水怎麼來？

一打開水龍頭，
水就源源不絕的流出來，
為什麼自來水會「自己來」？

撰文／趙士瑋

　　自來水在現代人的生活中，已經可以說是不可或缺，一旦水龍頭流不出水，不僅無法洗澡、煮飯、洗衣、澆花，各行各業也會受到影響。為了不讓先前蘇迪勒颱風侵襲時，大臺北地區民眾喝「黃水」的事件重演，政府在颱風來襲、原水濁度急遽升高時，就可能採取停水的措施，確保民眾使用的水質穩定。為何颱風會造成自來水混濁？要回答這個問題，就不能不先從負責生產自來水的「自來水廠」開始說起。

自來水廠的水處理步驟

　　臺灣用以產生自來水的水源，絕大多數來自水庫。所謂的「原水」就是剛從水庫抽出、未經任何處理的水，可以想見和天然的湖泊、河川等水體一樣，含有微生物、砂土、有機物等多種雜質。

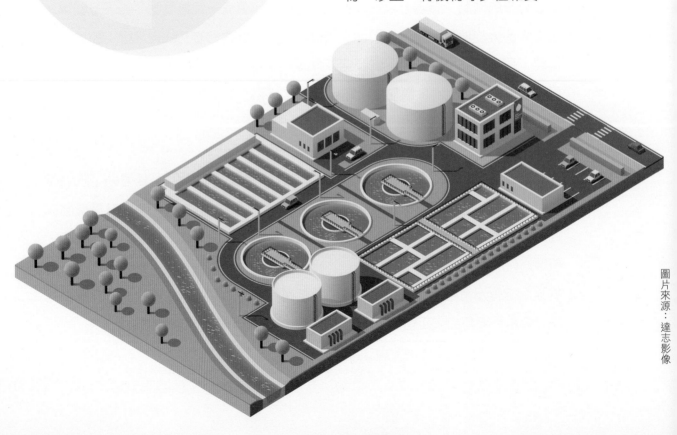

圖片來源：達志影像

混凝原理

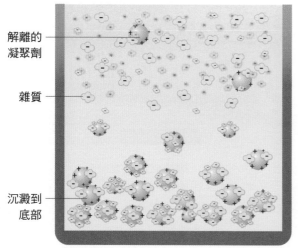

解離的
凝聚劑

雜質

沉澱到
底部

凝聚劑加入原水中，會因解離而帶正電
荷，吸附水中帶負電的小分子，促進膠
體凝聚而沉澱。

為了將這些雜質全部去除，提供民眾乾
淨、安全的自來水，自來水廠會依序施行以
下的淨水程序：

1 混凝

混凝步驟，又稱為膠凝、凝聚，是在原水
中添加「凝聚劑」，將分散於水中、
肉眼不可見的小分子吸附聚集，
形成較大的粒子，這樣一來便
容易沉澱至底部而從水中去
除。過去常用的凝聚劑是
俗稱「明礬」的硫酸鋁鉀
化合物，近年來自來水廠
則改用同樣以鋁為主成分
的「多元氯化鋁」，不僅
對濁度高的原水淨化效果
更佳，適用的原水酸鹼值
範圍也更廣。

繪圖：黃榆儒

2 沉澱

在原水中加入凝聚劑後，自來水廠會將水
注入大型的沉澱池，讓聚合在一起的小分子
及水中的砂土藉由重力的作用自然沉澱下
來。水在沉澱池中停留的時間愈長，雜質的
沉降就愈澈底，因此沉澱池的進水口和出水
口之間，往往會留有相當長的距離。

然而，為了節省沉澱池占地面積，自來水
廠也會採用擋板式的沉澱池設計（見下頁上
圖），也就是在進水口和出水口之間安裝
斜向的擋板，以水流經擋板所經過的長度，
取代進水口和出水口間的距離。

沉降下來的雜質呈現汙泥狀，會從沉澱池
的底部排出，以免造成沉澱池阻塞。這些汙
泥不是完全沒用處，除了可以加工燒製成建
築用的紅磚頭等材料外，由於含有豐富的有
機質等營養素，也能用在園藝上。

我有問題！

為什麼原水中的小分子不會受到重力的作用而逐漸自然沉澱呢？

因為這些小分子質量太輕，表面又帶有微小
的同性靜電而產生排斥力，這個排斥力不僅
足以克服下沉的重力，讓小分子不會沉降而
分散在水中，也阻止它們藉由碰撞聚合形成
容易沉澱的較大粒子。科學家將這種穩定的
溶液稱為「膠體溶液」，「膠體」就是這些
帶電的小分子。常見的膠體溶液，包括牛奶、
豆漿等，不論放置多久，都不會沉澱。

沉澱池剖面圖

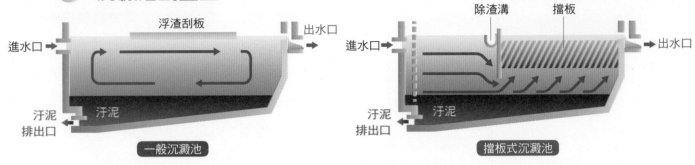

浮渣刮板

進水口 → 出水口

汙泥

汙泥
排出口

一般沉澱池

除渣溝　擋板

進水口 → 出水口

汙泥

汙泥
排出口

擋板式沉澱池

沉澱池的池底都設計成傾斜狀，以利將汙泥集中並排出。特別的是：**擋板式沉澱池**由於流經擋板時也有沉澱的進行，因此等效的「沉澱距離」大約是進、出水口的距離加上擋板的長度，也就是說進、出水口的距離可以較一般沉澱池短，即能達到一樣的沉澱效果。

③ 過濾

原水中的雜質經過凝聚、沉澱之後，難保不會剩下「漏網之魚」，藉由過濾可以讓水質更加提升。自來水廠常用的過濾材料包含無煙煤、細砂、礫石、磁球等，這些濾料的孔徑大小、吸附性質各有不同，可以針對多樣化的雜質進行濾除。

家中的濾水器使用一段時間後必須要更換濾心，這是因為濾出的雜質會逐漸將濾心堵塞。自來水廠的過濾設備也有這個問題，不過解決方法並不是將整套設備換新，而是從原本的出水口注入乾淨的水，沿反方向將卡在過濾設備裡的雜質沖洗出來後，從原本的進水口流出，這樣的步驟稱為「反沖洗」。

④ 消毒

取自水庫的原水由於長期暴露在自然環境中，必然存有許多的微生物，其中不乏對人體有害者，例如可能引起腹瀉、甚至更嚴重症狀的大腸桿菌，以及霍亂病毒、傷寒桿菌等引發傳染病的病菌。為了提供安全的自來水，自來水廠必然要設法消除這些微生物，而目前最為普遍的做法是在水中灌入氯氣來消毒。

氯氣有相當高的毒性，溶於水中的氯氣和隨之產生的次氯酸化合物（也就是消毒水的主要成分）能有效將微生物殺死，然而一直以來自來水是否會有殘留氯、進而危害人體的疑慮從未消除。近年來也有研究提倡改用不會有殘留物、對人體毒性較小的臭氧做為自來水的消毒劑，但由於成本太高，以氯消毒仍然是主流技術。

水質大哉問：
自來水到底能不能生飲？

經過以上這麼繁複的處理程序，原水總算變成清澈的自來水了！但是這樣產生出來的自來水究竟乾淨到什麼程度？在歐美、日本地區的人，對直接飲用來自水龍頭的「生水」習以為常，但在臺灣，似乎都會把水煮沸再喝。是否我們的自來水比較不乾淨？

繪圖：黃榆儒

臺灣自來水公司多次表示「品質保證」，出廠的水完全符合國際的飲用水標準。因此可能的問題並不在自來水廠，而是在自來水出廠後到流出水龍頭之間經過的管線。原來，臺灣的自來水管線系統相當老舊，有些區段甚至從日治時期沿用至今，因此有可能因部分破裂而汙染輸送的自來水。更有甚者，先前爆發的大臺北地區含鉛水管事件，顯示過去採用的水管材質，也是影響水質的可能原因之一。

反沖洗步驟

沖出雜質

進水口

無煙煤
細砂
礫石
磁球

出水口

平常過濾使用的
水流方向。

注入清水

使用一陣子後要從原本出水口的方向注入清水，將雜質沖出。

隨著政府不斷進行管線的汰舊換新，相信家家戶戶水龍頭流出的水會愈來愈能讓民眾安心飲用。

颱風、濁水，一家親？

回到我們最初的問題：為什麼颱風來時自來水廠出產的水質會變得混濁呢？既然自來水廠取用水庫的原水做為水源，颱風來時將大量的泥沙沖刷進水庫中，原水的濁度自然會急遽上升。水質愈混濁，淨化所需的時間就會愈長，縱使可以多加一些凝聚劑、消毒劑來加快混凝、消毒兩個程序的速度，在沉澱階段所需要的時間依然隨著水中雜質的含量而增加，而且大量的雜質會很快將水廠的過濾裝置堵塞。也就是說，在這樣的情況下如果要求自來水廠以同樣的速度出水，便很可能發生沉澱不完全即進入過濾，過濾不完全即進入消毒、供水程序，水質當然會受到影響。

政府為了避免民眾使用處理不完全的自來水，近年來傾向在颱風、豪雨等原水濁度極高的情況下，採取減壓供水甚至完全停水的措施，可以說是兩害相權取其輕的做法。

下次如果不幸又因為颱風來襲造成停水，千萬別再抱怨啦！自來水廠已經盡可能的為臺灣每一戶人家即時供應自來水了。　和

作者簡介

趙士瑋　目前任職專刊律師事務所，與科技相關的法律問題作伴。喜歡和身邊的人一起體驗科學與美食的驚奇，站上體重計時總覺得美食部分需要克制一下。

自來水怎麼來？

國中理化教師　何莉芳

主題導覽

　　大家已經習慣一開水龍頭就有乾淨的水可以使用，但是自來水怎麼來？如何從原水淨化？淨化的步驟有什麼特點與注意事項呢？這篇文章說明了自來水處理的幾個步驟以及原理，並解釋為什麼颱風過後，常會有消毒味與水質混濁的情形。

　　閱讀完文章後，你可以利用「關鍵字短文」和「挑戰閱讀王」了解自己對淨水步驟的理解程度；「延伸知識」中補充了硬水與軟水的知識，以及常見的幾種家庭飲用水的過濾方式，與自來水廠原水處理過程一起比較，能幫助你更深入的理解文章內容！最後將這些知識化為行動，來自製濾水器吧！

關鍵字短文

　　〈自來水怎麼來？〉文章中提到許多重要的字詞，試著列出幾個你認為最重要的關鍵字，並以一小段文字，將這些關鍵字全部串連起來。例如：

關鍵字： 1. 原水　2. 混凝　3. 沉澱　4. 過濾　5. 消毒

短文： 未經任何處理的水稱為「原水」，含有微生物、砂土、有機物等種類多樣的雜質，需要一系列的淨化過程才能成為自來水。首先是混凝與沉澱，添加「凝聚劑」將分散於水中的小分子吸附聚集，形成較大粒子，以便靠重力作用而沉澱；接著搭配不同濾材進行過濾，將雜質去除；最後才是消毒，去除水中的微生物。

關鍵字： 1.＿＿＿＿　2.＿＿＿＿　3.＿＿＿＿　4.＿＿＿＿　5.＿＿＿＿

短文： ＿＿＿＿＿＿＿＿＿＿＿＿＿＿＿＿＿＿＿＿＿＿＿＿＿＿＿＿＿＿＿＿

＿＿＿＿＿＿＿＿＿＿＿＿＿＿＿＿＿＿＿＿＿＿＿＿＿＿＿＿＿＿＿＿＿＿

＿＿＿＿＿＿＿＿＿＿＿＿＿＿＿＿＿＿＿＿＿＿＿＿＿＿＿＿＿＿＿＿＿＿

＿＿＿＿＿＿＿＿＿＿＿＿＿＿＿＿＿＿＿＿＿＿＿＿＿＿＿＿＿＿＿＿＿＿

挑戰閱讀王

看完〈自來水怎麼來？〉後，請你一起來挑戰以下題組。

答對就能得到👍，奪得 10 個以上，閱讀王就是你！加油！

☆為了將雜質全部去除，提供民眾乾淨、安全的自來水，自來水廠會施行淨水步驟，
　其中混凝與沉澱過程，是最早的關卡。

（　）1.水庫的水進到自來水廠的淨化步驟，順序是如何？（答對可得 1 個👍）

　　　　①混凝池→沉澱池→過濾池　②過濾池→混凝池→沉澱池

　　　　③沉澱池→混凝池→過濾池　④過濾池→沉澱池→混凝池

（　）2.水中砂土主要是藉助何種作用而會自然沉澱？（答對可得 1 個👍）

　　　　①浮力作用　②旋轉離心作用　③磁吸作用　④重力作用

（　）3.原水中不容易沉澱而呈現懸浮狀態的小分子，有什麼特色？為什麼？

　　　　（多選題，答對可得 2 個👍）

　　　　①質量極輕

　　　　②表面帶有微小同性電，因排斥力不易聚集

　　　　③小分子的排斥力會克服重力而懸浮

　　　　④容易藉由靜電的吸引力碰撞、聚集在一起，形成較大粒子

　　　　⑤只要靜置後用磁鐵在下方吸引就會沉澱

（　）4.科學家將這種穩定懸浮的溶液稱為「膠體溶液」，其中的「膠體」就是這
　　　　些帶電的小分子。水溶液中的（a）膠體、（b）懸浮固體以及（c）溶解
　　　　分子，顆粒由大至小的排列順序為何？（答對可得 1 個👍）

　　　　①a＞b＞c　②b＞a＞c　③b＞c＞a　④a＞c＞b

（　）5.混凝過程中，為了讓水中的小分子吸附聚集，形成較大的粒子，以加快沉
　　　　澱，常會添加凝聚劑。下列何者是常用的凝聚劑？（答對可得 1 個👍）

　　　　①多元氯化鋁　②活性炭　③氯氣　④漂白粉

☆在淨水過程中，混凝沉澱雖然可以將大部分原水顆粒去除，但仍有殘餘細小顆粒，
　必須藉由過濾進一步去除。

（　）6.過濾是利用什麼原理進行分離？（答對可得 1 個👍）

①利用物質顆粒大小不同的原理　②依雜質附著力不同

③利用物質溶解度差異　④利用沸點不同

（　）7.生活中哪些分離物質的方法，應用原理與過濾相同？

（多選題，答對可得 2 個👍）

①用磁鐵分離鐵粉與細砂

②茶杯內的紗網，將茶葉茶水分離

③冷氣加裝濾網可減少室內空氣中的灰塵量

④用水槽濾網過濾食物殘渣。

（　）8.右圖為過濾裝置，分別使用無煙煤、細
砂、礫石做為濾材。其中無煙煤的位置
在哪一處？（答對可得 1 個👍）
①甲　②乙　③丙　④都可以

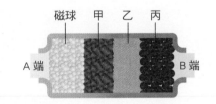

（　）9.承上題，過濾後的雜質會停留在哪一端？若要進行反沖洗，清水要從哪裡
進入？（答對可得 1 個👍）

正常過濾時	反沖洗時
① 雜質在 A 端	清水從 A 端進
② 雜質在 A 端	清水從 B 端進
③ 雜質在 B 端	清水從 A 端進
④ 雜質在 B 端	清水從 B 端進

（　）10.小傑想要自製淨化雨水的簡易過濾器，收集了小卵石、石英砂，但是發現
手邊沒有顆粒較大的無煙煤，只有顆粒更細小的活性碳。請你幫他設計從
甲到丙分別應該加入什麼濾材，才會獲得較好的淨水效果？

（答對可得 2 個👍）

①甲：小卵石，乙：活性炭，丙：石英沙

②甲：活性炭，乙：小卵石，丙：石英沙

③甲：小卵石，乙：石英沙，丙：活性炭

④甲：活性炭，乙：石英沙，丙：小卵石

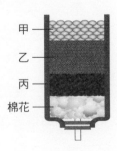

延伸知識

1. **硬水和軟水**：不同地區的自來水常有軟、硬水之分。「硬水」是指水中的礦物質成分多，尤其是鈣和鎂離子，而鈣和鎂離子含量少的則為軟水。硬水除了口感不佳，也造成生活不便，例如肥皂水遇到硬水會出現白色浮渣、燒開水的水壺壺底或熱水瓶底部會累積一層堅硬的白色水垢等。可利用肥皂水來檢驗水質，若肥皂能完全溶解、呈現半透明液體即為軟水，若水面懸浮有未溶解的白沫則為硬水。

2. 臺灣的自來水不能生飲，除了煮沸之外，許多家庭會另外架設淨水裝置。目前市面上有很多淨水方法，包括蒸餾、RO 逆滲透、離子交換、活性碳濾水、煮沸、臭氧殺菌和紫外線殺菌等。

   PP 濾芯：阻隔水中較大的雜質，例如泥沙、懸浮物、毛髮等。

   活性碳：特有的吸附特性，可以吸附水中的雜質、餘氯、三鹵甲烷及異味等。

   鈉離子交換樹脂：利用離子交換過程，將樹脂中的陽離子（鈉離子），交換水中的鈣離子和鎂離子等，達到軟化硬水的目的，過程中可同時去除重金屬離子。

   RO 逆滲透：在原水端加壓，使原水通過 RO 薄膜產生純水，能濾掉 99.9% 的細菌與汙染物質，但同時會把對人體有益的礦物質一併濾除。

延伸思考

1. 一起來關心家庭飲用水！你家的淨水器是哪一種？利用什麼樣的淨化方式？多久會進行濾芯更換或清洗呢？請你走到廚房看一看！

2. 你知道自己居住的城市取用哪一個水庫的水源嗎？水庫目前蓄水量達到多少呢？善用網路查閱相關資料。此外，節約用水和防止水汙染，有助於大家使用到健康潔淨的水源，請舉出幾個具體方案，節約用水和防止水汙染。

3. 野外求生——自製濾水器：找尋相關容器（保特瓶、水管等），並收集合適的濾材（小石頭、沙、樹葉、紗布綿花、寵物砂、木炭等）。①將保特瓶瓶底切開，倒置使瓶口朝下。②以布料塞住瓶口，再堆積一層層濾材製作濾水器。③將生態池池水（或魚缸裡的水）倒入濾水器中，靜置數分鐘，觀察是否發揮濾水功能？效果可從雜質、異味、顏色等來判定。（注意：請勿飲用！）④思考並操作：濾材放置順序是否會影響過濾結果？

放射性研究的拓荒者
居禮夫人

居禮夫人是法國籍波蘭裔的物理學家與化學家。
她是第一位獲得兩次諾貝爾獎的科學家，
更是放射性理論的研究先驅。
除了首創了分離放射性同位素的技術，
還發現兩種新元素：釙（Po）和鐳（Ra），
對放射醫學與輻射科技也造成革命性的影響，
為人類福祉帶來巨大的貢獻。

撰文／水精靈

居禮夫人於 1867 年出生在波蘭的華沙，原名瑪麗 · 斯克洛多夫斯卡（Marie Skłodowska），父母都是中學老師。在她六歲時，父親失去教職，為了維持生計，只好將住家變成寄宿學校來招收學生。不久，她的一位姐姐死於傷寒，而母親也在她 10 歲時因肺結核去世。家中的變故與失去親人的打擊讓她的童年不太幸福，但是這一家人卻仍熱愛生命、彼此相愛。

瑪麗從小便對學習有著強烈的興趣，很喜歡思考與推理。在父親的教導與影響之下，語言與自然科學方面的表現更是非常突出。

圖片來源：Shutterstock

在華沙新城區某座不起眼的教堂前，樹立著居禮夫人的雕像，她的手裡拿著的就是釙元素的電子組態模型。

我從來不曾有過幸運，
將來也不指望運氣。
我的人生最高原則是：
不論面對任何困難，
都絕不屈服！

居禮夫人 大事記

✤ 1867 年出生於波蘭的首都華
沙，原名瑪麗‧斯克洛多夫
斯卡。

✤ 1883 年中學畢業。

✤ 24 歲時前往索邦大學就讀。

✤ 28 歲與皮埃爾‧居禮結婚。

✤ 31 歲發現了一種新的放射性
元素——釙；同年又發現了
放射性更強的元素——鐳。

✤ 36 歲與貝克勒、丈夫共同獲
得諾貝爾物理獎。

✤ 44 歲獲得諾貝爾化學獎，成
為歷史上首位獲得兩次化學
獎的女性。

✤ 66 歲因白血病辭世。

圖片來源：Shutterstock、Wikimedia Commons

　　儘管瑪麗以優異的成績從中學畢業，但當時的波蘭在俄國統治之下，女性是不能進入大學就讀的。瑪麗如果想繼續學業，只能選擇去外國。偏偏此時父親投資親戚的生意失敗，家中經濟陷入了困境，只能勉強供給哥哥念大學，但她和姊姊布朗斯拉娃（Bronya）也想上大學。

　　有一天，瑪麗告訴布朗斯拉娃，她有一個好方法。

　　瑪麗：「我們可以合作支付彼此的學費，發揮 1+1 大於 2 的精神！首先，由我先去工作，賺錢支付妳在巴黎醫學院就讀的學費與開銷；之後等妳成了醫生，就輪到我出去！」

　　布朗斯拉娃：「可是，在巴黎的花費並不便宜，這得耗去妳好幾年的歲月呀！」

　　瑪麗：「沒關係，我還年輕；而且，我會想辦法多賺點學費！」

　　於是瑪麗找了份家庭教師的工作，每天省吃儉用，積存去巴黎的學費。在擔任家教的同時，瑪麗不忘自修，並且逐漸喜歡上數學和物理。

遠赴巴黎重拾書本

　　1891 年，24 歲的瑪麗在擔任了六年多的家庭教師之後，終於實現她的讀書夢想。在布朗斯拉娃的經濟資助下，瑪麗來到索邦大學（巴黎大學的前身）就讀。

　　聰明又好學的瑪麗僅僅花了兩年的時間便以全班第一名的成績取得物理學位，並獲得一筆 600 盧布的獎學金，足夠做為她未來一年求學生活的費用。次年，她又以全班第二名的成績，獲得數學學位。

　　在學業完成後，她本來打算回到家鄉波蘭服務，但是與皮埃爾‧居禮（Pierre Curie）的相遇，改變了她的計畫。

命運相遇之日

當時的皮埃爾已經是一位出色的物理學家，他和哥哥雅克發現對某些晶體施加壓力時，因體積變化，會產生微小電壓，即所謂的「壓電效應」；他利用此效應製作一個電流計來測量微弱的電流，叫做「居禮靜電計」；另外，他也因研究溫度對於順磁性的效應而建立了居禮定律。

1894 年春天，瑪麗因為實驗室太小，無法進行法國民族工業促進會所委託之鋼鐵磁性的研究。在尋找合適的實驗地點時，朋友介紹她與當時正擔任巴黎高等物理化工學院的實驗室主任的皮埃爾相識。他們雙方都受過高等教育、個性害羞內向，連對學術研究的狂熱與鑽研學問的精神都非常的相像，這讓他們互相吸引，很快便陷入熱戀。1895 年，瑪麗與皮埃爾結婚；1897 年生了一個女兒，這個小女嬰後來也成為諾貝爾獎的獲獎者。

結婚之後，成為居禮夫人的瑪麗計劃攻讀博士學位。在撫育女兒期間，她翻閱了當時各種實驗研究報告，注意到法國物理學家貝克勒（Henri Becquerel）的研究工作。貝克勒受到德國物理學家倫琴（Wilhelm Rontgen）發現 X 射線的啟發，發現鈾化合物可以放出放射線（當時稱為貝克勒線）造成四周的氣體導電。這項發現引起居禮夫人的興趣，便決定研究放射性物質來做為她的博士論文題目。

居禮夫人測量純鈾、鈾的各種化合物，以

居禮夫婦共同發現了放射性元素，相知相惜的兩人是科學界的一段佳話，攝於 1903 年。

及其他金屬和礦物樣品，結果發現釷也能發出與鈾一樣的放射線，強度也接近。居禮夫人認為這種令人驚訝的現象絕不只是鈾獨具的特性，因此居禮夫人提議將這種現象命名為「放射性」，而像鈾、釷等具有「放射性」的物質，就叫做「放射性元素」。

後來，她發現有一種天然瀝青鈾礦的放射性，比她所收集的純鈾還要高出三到四倍。於是，她推測這種礦物中含有其他放射性更強的未知元素。居禮夫人的發現引起居禮先生的注意，如同魯夫為了追求他的夢想成為海賊王，因而踏上偉大的航道，夫婦兩人決定攜手向未知的元素進軍。

新的放射性元素

　　他們向學校借了一間破舊的解剖學教室做為實驗室。每天，從波希米亞運來的一袋袋瀝青鈾礦會送至學校大門，由皮埃爾扛到實驗室，接著由居禮夫人將礦石磨碎後倒入硫酸槽中攪拌，石頭會沉澱，而含有未知的金屬元素將會以硫酸鹽的形式分離出來，之後再用其他溶劑將之溶解、沉澱、再分離。他們省吃儉用，把大部分的金錢和時間都用在實驗，終日與一大堆含有放射線的危險物質生活在一起。居禮夫婦使用了四公噸的瀝青鈾礦，花了四年，終於在 1898 年 7 月宣布發現了一種放射性比鈾高出 400 倍的新元素，為了紀念她的祖國波蘭（Poland），新元素被命名為釙（polonium）。

　　1898 年 12 月 26 日，法國科學院裡人聲鼎沸，身為波蘭籍的女性科學家居禮夫人，五個月前剛宣布發現了釙，這天竟然又要宣布另一項新發現，這讓那些保守又頑固的教授憤憤不平，玻璃心碎了滿地。一如往常，公開演講讓她非常緊張，原本她想讓丈夫來報告這項發現，但是皮埃爾卻堅持要她來講，因為在此之前，還沒有女性登上法國科學院的演講臺。

　　待大家都坐好之後，她瞧了瞧坐在不遠處的皮埃爾，皮埃爾回報一抹淺淺的微笑，似乎正告訴她：「如果歧視是要妳卑躬屈膝，那妳就讓他們看見女性的驕傲！」她明白這意思，便穩下心情，用沉穩優美的語調侃侃而談：「今天要向各位報告的是，我們經過漫長的提煉，發現瀝青鈾礦中含有一種放射性很強的新元素。這種新元素和金屬鋇很相似，它的放射性比鈾還強 900 倍。在此，我們建議將這種新元素命名為『鐳』（radium，源自於拉丁文 radius，原意是『射線』）。」

　　報告一結束，會場內立即議論紛紛，熱烈的討論這項新發現。可是有幾位教授卻故意嚷嚷道：「妳嘛幫幫忙！一下子說發現了釙，一下子又說發現了鐳，它們到底是什麼鬼東西，好歹拿出來讓大家見識一下嘛！如果有，它們的原子量是多少？哪有發現一種新元素卻又測不出它的原子量的，真是個天大的笑話！」

　　當時的科學家認為，原子是物質存在的最小單元，它是不可分割的。可是，這樣的傳統觀點卻無法解釋釙和鐳所發出的放射線。因此，無論是物理學家還是化學家，對於居禮夫婦的研究工作都存有質疑，認為是實驗出了錯誤。

　　所謂「沒圖沒真相」，雖然居禮夫婦發現了釙和鐳這兩種新元素，但他們卻沒有樣本，更遑論測定其原子量。為此，他們決定拿出實物，來證實新元素的存在。但是含有釙和鐳的瀝青鈾礦價格昂貴，而他們並沒有足夠的資金。經過多次的交涉和周折，在維

❀來自捷克西北部城鎮亞希莫夫的瀝青鈾礦。

也納科學院的協助之下，奧地利政府決定贈送一公噸提煉出鈾以後就沒有使用的瀝青鈾礦殘渣給居禮夫婦，並答應如果他們還需要大量的礦渣，可以用非常便宜的價格供應。

風靡歐洲的淡藍螢光

居禮夫婦再一次開始進行純化分離的作業，日復一日辛苦的和礦渣奮戰。居禮夫人有時得連續幾小時不停的用一根粗大的鐵棒攪拌一大鍋沸騰礦渣，一整天下來，常讓她筋疲力盡。此外，實驗室的環境條件很差，夏熱冬冷，下雨時屋頂還會漏水，被戲稱為「雙溼」——屋外溼、屋內也溼，空氣也時常充滿了刺鼻的味道。但他們不以為意，吃苦當吃補，並未失去繼續往前的勇氣。

經過四年的努力，他們終於從好幾公噸的礦渣中提煉出 0.1 公克的氯化鐳，雖然只是非常微量的鐳，卻發出美麗的淡藍色螢光。居禮夫婦測得鐳的原子量為 225.9（現在已知為 226.0），並找到明亮的新元素光譜線。這項成果使得放射線熱潮有如燎原之火蔓延歐洲科學界，澈底改變了科學家對元素的認知，開啟了物理學的新紀元。

✤ 1904 年，居禮先生被巴黎大學聘為物理學教授，瑪麗則被聘為實驗室主任。

✤ 左後方為諾貝爾物理學獎的證書，前方為 1911 年諾貝爾化學獎的證書。

居禮夫人以《放射性物質的研究》順利取得物理學博士學位。1903 年，居禮夫婦與貝克勒因為在輻射物質研究上的傑出貢獻，共同榮獲諾貝爾物理獎。

1906 年 4 月的某天，居禮先生撐著雨傘，準備穿越馬路時，不幸被一輛馬車撞倒，無情的車輪帶走了這位科學家的生命，也輾碎了居禮夫人的心。忍著失去愛人與伙伴的悲痛，居禮夫人以堅強的意志，獨立擔負起撫育女兒的責任，繼續在研究路上勇敢前進。

1910 年，居禮夫人藉由電解氯化鐳的方式獲得純粹的金屬鐳，並精確測定原子量為 226.54。由於這項成就，居禮夫人獲得

1911 年諾貝爾化學獎，成為歷史上首位獲得兩次諾貝爾獎的人，這項紀錄至今也是女性中的第一人。

居禮夫人是一位人格高尚、無私奉獻的人。在第一次世界大戰期間，她設計了一臺俗稱「小居禮」的放射線治療車，並組織一支醫療團隊，為超過 100 萬的傷兵治療。此外，她還和醫生們一起研究，將鐳應用於醫學上治療惡性腫瘤，開創了放射性療法──「居禮療法」，為人類帶來莫大的福祉。有人建議她應該把鐳的分離純化方法申請專利，但居禮夫人斷然拒絕了，她認為「鐳是慈悲的工具，是屬於全世界的。」

為了推動放射性學問的發展與鼓勵年輕學者，她公開自己的研究成果，並沒有申請專利。即使當她成為名人之後，她仍過著清貧的生活。愛因斯坦曾說：「在所有著名的人物中，瑪麗・居禮是唯一沒有被盛名腐化的人。」

🌱 居禮夫人正在駕駛自己發明的放射線治療車，在一戰時期挽救許多中槍傷兵的性命。

巨星殞落

居禮夫人因長期在沒有任何防護設施的情況下研究放射性物質，健康受到嚴重損害，得了白血病，於 1934 年 7 月長眠於世。

在居禮夫人 40 年的研究生涯中，她受到的輻射劑量總計為 200 西弗。如果按照目前國際放射防護委員會（ICRP）的標準來看，她所承受的劑量超過標準一萬倍！（放射性職業工作者一年累積全身受職業照射的上限是 20 毫西弗。）

居禮夫人是為科學而殉職，她的偉大成就可說是滿身瘡痍所換來的。一百多年過去了，當時居禮夫人的實驗手稿至今仍然釋放出大量的輻射，目前被保存在法國國立圖書館內的鉛箱裡！ 科

什麼是西弗？

西弗（Sievert, Sv）是人體接受的輻射的劑量單位，一西弗的劑量代表人體每公斤接受了一焦耳的 γ 射線能量。人體在短時間內接受輻射劑量在一西弗以上就會出現急性症狀，超過六西弗的話，大多數人短期內便會死亡。

作者簡介

水精靈 隱身在 PTT 裡的科普神人，喜歡以幽默又淺顯易懂的方式與鄉民聊科普，真實身分據說是科技業工程師。

圖片來源：Wikimedia Commons

放射性研究的拓荒者——居禮夫人

國中理化教師　李冠潔

主題導覽

　　瑪莉・斯克洛多夫斯卡，也就是居禮夫人，是歷史上第一位諾貝爾女性得主，更是第一位獲得物理與化學雙諾貝爾獎的得主。在女性受教育不普及的年代，她付出比別人更多的時間與心血，堅持夢想，完成學業，並發現了釙和鐳等放射性元素及分離方式。儘管生活困苦，她仍不願靠自己的研究賺取財富。她的發現不僅是個人成就，時至今日，更使全人類受惠。

　　輻射可用於癌症化療、X 光檢查、核能發電等，應用在各行各業。然而輻射能夠救人，長期接觸也會傷害人體。居禮夫人長期接受輻射，身體受其所害，病痛卻沒有消磨她的心志，她將自己奉獻給了科學，促成人類文明進步，絕對是近代科學界最耀眼的一顆恆星。

　　〈放射性研究的拓荒者——居禮夫人〉帶我們認識居禮夫人。閱讀後，你可以利用「關鍵字短文」和「挑戰閱讀王」了解自己對這篇文章的理解程度；「延伸知識」補充放射性的分類。最後是「延伸思考」，透過查找資料，讓你更明白放射線。

關鍵字短文

　　〈放射性研究的拓荒者——居禮夫人〉文章中提到許多重要的字詞，試著列出幾個你認為最重要的關鍵字，並以一小段文字，將這些關鍵字全部串連起來。例如：

關鍵字：1. 原子　2. 衰變　3. 輻射　4. 放射性　5. 半衰期

短文：原子是由電子、質子、中子組成，原子衰變是因為原子中的質子與中子數不符合穩定狀態，原子就會從不穩定的原子核衰變成較穩定的輕核，並且放出輻射能，這種現象也稱為放射性。會放出放射性的元素稱為放射性元素，在自然界中普遍存在，不同元素的衰變有固定的速率，稱為半衰期。

關鍵字：1.＿＿＿＿＿　2.＿＿＿＿＿　3.＿＿＿＿＿　4.＿＿＿＿＿　5.＿＿＿＿＿

短文：＿＿

挑戰閱讀王

看完〈放射性研究的拓荒者——居禮夫人〉後，請你一起來挑戰以下題組。

答對就能得到👍，奪得 10 個以上，閱讀王就是你！加油！

☆地球上的一切物質皆是由原子所組成，原子是由電子、質子、中子等更小的粒子
所構成。電子在原子的最外圍環繞，並且帶著負電；質子和中子則是共同聚集在
原子核中，中子不帶電，質子帶正電。雖然整個原子呈現電中性，但是所有帶正
電的質子集中在原子核，質子之間會因為正電互相排斥，使原子核呈現不穩定的
狀態，因此中子的功能就是要穩定原子核的狀態。當一個原子的質子數愈多時，
原子核愈容易因為靜電斥力而產生不穩定的現象，產生輻射。一般來說，原子序
（質子數）超過 83 以上的元素多屬於放射性元素。請根據敘述回答下列問題。

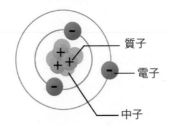

（　　）1.關於原子結構的敘述何者正確？（答對可得 1 個👍）

①原子已經是最小粒子，不可再分割成更小的粒子

②原子內部所有粒子都是電中性的，所以原子呈現電中性

③原子內所有帶正電的粒子集中在原子核

④中子不帶電，因此將中子移除對原子核不會有任何影響

（　　）2.試根據本文章推論，若是質子數太多對原子會有何種影響？

（答對可得 2 個👍）

①使原子核因為正電太多而不穩定

②原子核正電的相斥力會愈來愈大

③原子核互相排斥會放出能量

④以上皆是

☆「放射性」（radiation）是居禮夫人提出來的名
詞，指的是某一元素從不穩定的原子核自發的放出
帶有能量的射線（如 α 射線、β 射線、γ 射線
等），並且衰變形成另一種元素的現象。常聽到
的核能反應，就是鈾 -235 發生輻射衰變成其他原
子量較小的原子（如右圖），並放出能量和中子，
產生的中子會再繼續撞擊其他鈾 -235 產生連鎖反
應。核反應的反應式為：中子＋鈾 -235 →鋇＋氪
＋中子＋能量，請根據描述回答下列問題。

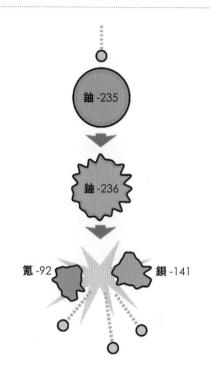

（　　）3. 關於上文的敘述，試判斷下列何者錯誤？

（答對可得 2 個👍）

①原子內部儲存許多能量

②原子所含的能量是會自發性減少的

③自然界本來就存在著輻射能

④原子在自然界中無法轉換成其他原子

（　　）4. 輻射的形式很多，例如核反應就是一種，關於核反應的敘述何者錯誤？

（答對可得 2 個👍）

①核反應是利用電子將原子核分裂成不同原子的過程

②核反應會放出大量輻射能

③核反應的放射性是人工的而非自然衰變的

④核反應是一種連鎖反應

☆放射性物質的衰變有固定的半衰期，所謂半衰期指的是某種原子衰變後數量剩下
一半的時間，因為衰變期不受環境的影響，十分穩定，因此科學上可用來計算放
射性物質的剩餘量，便可估算出生物存活的年代，此為放射性碳定年法。例如放
射性碳 ^{14}C（碳 -14）的半衰期為 5730 年，長度適中，適合用來估算古生物化石
的年齡。放射性物質也廣泛應用在醫療領域。例如利用衰變產生的射線進行斷層
掃描，探測腫瘤或異常增生的組織；或是利用放射線，照射破壞癌細胞，達到治

療的效果。人體若長期暴露在放射性的環境中，會傷害細胞及染色體，導致細胞分裂異常無法再生，造成貧血、不孕、癌症等。若短時間大量接受放射線，會造成造血與免疫系統功能異常導致死亡。請根據描述回答下列問題。

（　）5. ^{14}C 的半衰期為 5730 年，若發現一化石內的碳 -14 濃度只有一般生物體內的 25%，則此生物可能生存在多少年以前？（答對可得 2 個👍）
① 5730 年　② 11460 年　③ 17190 年　④ 22920 年

（　）6. 不同的放射性所帶有的能量強弱不同，放射性所具有的能量對人體可能產生何種影響？（答對可得 2 個👍）
①會破壞細胞核中的 DNA，使細胞突變
②對白血球造成影響使免疫力降低
③破壞紅血球細胞導致貧血
④以上皆有可能

延伸知識

放射線： 放射線的產生來自於原子核的分裂，放射性原子核會以許多不同的形式進行衰變，使自身達到更穩定的狀態，依照來源可分為自然產生與人工製造兩種方式。自然放射線除了不穩定的元素衰變外，還有來自太空中的宇宙射線，自然輻射依照放出的物質，由能量低到高可分為 α 衰變、β 衰變、γ 衰變等。而人工的放射線的方法是利用某種射線或粒子，撞擊穩定的原子核，使它變得不穩定而發出放射線，如核能發電。人工放射線的用途非常廣泛，可用於醫學方面的 X 光、斷層掃描、癌症治療，工業方面的核能發電、消除靜電、工業生產線上的品管系統，考古方面的物質年代鑑定、地質鑑定、生物化石鑑定等。其實到處都有輻射，並不一定會危害人體，在安全劑量之下，人類可以加以妥善利用。

延伸思考

1.查查看，除了本文提及的放射線之外，還有哪些種類、個別有哪些用途呢？
2.所謂 α 射線、β 射線、γ 射線指的是什麼？各種衰變放出的能量為何不同？
3.輻射衰變和一般的化學變化一樣嗎？哪些性質相同、哪些性質不同呢？

無字天書

真奇怪,收到一封信,裡面只有幾張空白的紙,沒想到拿到火焰上面烘烤,字就顯現出來了!

撰文、攝影／陳坦克

繪圖：曾建華

2500年前的戰國時代,七雄並起,有一位極富神祕色彩的顯赫人物,擅長國家外交的縱橫之術,是縱橫家的鼻祖,更是一位卓越的教育家,他的名字叫王詡,人稱「鬼谷子」。

相傳鬼谷子的師傅成仙而去時,曾留下一卷竹簡,竹簡上寫著「天書」二字。他打開一看,從頭至尾竟然一個字也沒有,鬼谷子心中納悶,百思不得其解。一天晚上,他點起了火把,再次把竹簡拿起來研究,照著燈光一看,嚇得跳了起來,竹簡上竟閃出一道道的金光,一行行的蝌蚪文閃閃發亮,鬼谷子才發現原來這金書屬於陰性,見日光則不顯,在月光、燈光下才能顯現出縷縷金文,真是曠世奇書啊!

後來只要是將原本看似空無一物的紙張,用任何物理、化學的方法顯現出紙上的文字或圖形,就稱為無字天書。想知道要如何寫出無字天書嗎?快捲起衣袖,一起來動手做實驗吧!

傳遞密報的無字天書

白紙、檸檬、玻璃杯、水彩筆、烤肉夾、黑晶爐、水、葡萄糖、白醋、小蘇打粉、膠水、鹽巴。

番外篇：硝酸鉀、線香、打火機、白紙、玻璃杯、水彩筆。

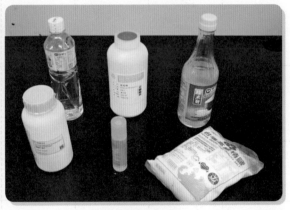

實驗步驟 —— 書寫無字天書

Step ❶

將檸檬切開，擠出少許檸檬汁到入玻璃杯中，再將葡萄糖、白醋、小蘇打粉、膠水、鹽巴加水做成水溶液。

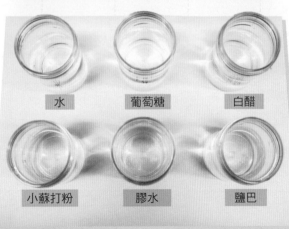

水	葡萄糖	白醋
小蘇打粉	膠水	鹽巴

Step ❷

用水彩筆分別沾取這些溶液，在白紙上面寫字或畫圖。

繪圖：曾建華

Step ③

用烤肉夾把畫好的紙放到黑晶爐上烘烤。適時控制溫度，一開始可以轉到最高溫烘烤，使水分快速蒸發，當開始出現褐色的痕跡時，再轉到中低溫緩慢烘烤，避免燒焦。

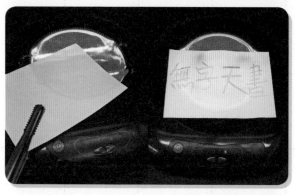

Step ④

在黑晶爐上緩慢的前後左右移動無字天書，使熱量可以均勻的分布在整張紙上，避免烤焦或是烘烤不均勻。靜待片刻，紙張上面漸漸顯現出褐色的文字了。

Step ⑤

無字天書烘烤完成，就可以看到白紙上面的文字了。不過各種溶液的效果都不相同，這是為什麼呢？

▲檸檬水寫的無字天書。

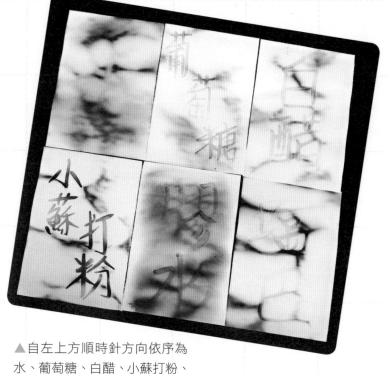

▲自左上方順時針方向依序為水、葡萄糖、白醋、小蘇打粉、膠水、鹽巴的實驗結果。

江湖一點訣：碳化現象

凡是含有碳元素的物質（除一氧化碳、二氧化碳、碳酸鹽類、金屬碳化物、氰化物外），均稱為有機化合物。多數有機化合物會與氫原子、氧原子結合，也會與少量的氮、硫、磷、鹵素等相連結。因為連結方式與種類眾多，所以有機化合物的種類非常豐富，目前已知的有 100 萬種以上。

檸檬酸就是一種有機化合物，最早是在西元八世紀由一位波斯的煉金術士賈比爾從檸檬跟一些酸性水果中發現了檸檬酸這種物質。到了 1784 年，一位喜歡研究有機酸的瑞典化學家舍勒，第一次從檸檬汁中以結晶法分離出檸檬酸。不過現在我們在日常生活中常常使用的檸檬酸，是運用黑麴黴菌發酵技術來大量製造。

檸檬酸是由碳、氫、氧所組成的有機化合物，化學式是 $C_6H_8O_7$，包括三個羧基結構，是檸檬酸弱酸性的來源。這樣的有機化合物經過高溫加熱時，容易分解、脫水並殘留下黑色的碳原子，利用這樣簡單的有機化合物碳化現象，就可以輕鬆讓原本看不到字的無字天書，經過加熱的方式通通現形啦！

我們所準備的溶液中，葡萄糖溶液、白醋和膠水因為含有有機化合物，所以可以運用碳化現象的原理製作無字天書。小蘇打溶液和鹽水雖然不是有機化合物，仍然能顯現出字體，這是因為在加熱的過程中，無機化合物失去了水分，進而開始吸收紙張纖維上面

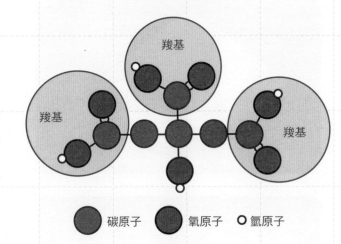

碳原子　●氧原子　○氫原子

▲**檸檬酸的結構式**：檸檬酸有三個羧基，它們受熱後容易脫水並殘留下黑色的碳原子，這就是讓無字天書顯現的祕密。

▲焦糖烤布蕾表面上那層酥脆的糖片，是碳化現象的應用喔！

的水，使紙張纖維脫水而開始燒焦。用水寫的效果最差，因為加熱只會讓水蒸發而已，烤再久都只會讓整張紙平均燒焦，不會有字跡出現。

碳化現象在食品加工上還有其他的運用，像是焦糖烤布蕾上面那一片色烤糖片，或是熬煮白色的麥芽汁形成褐色麥芽糖，都是運用簡單的碳化原理，增添食物的風味。

圖片來源：達志影像，繪圖：Uncle Alvin

番外篇 無字天書，燃燒現形！

除了加熱慢慢烘出字以外，還有其他寫無字天書的方式嗎？當然有囉！不過這次是用燒的，而且是用像剪紙一般簍空的方式，讓隱藏的文字現形。

首先來介紹會用到的材料「硝酸鉀」，它是很好的天然肥料，其中的鉀離子可以使植物的葉子發育得更好；硝酸鉀還是傳統煙火的主要成分，放煙火時聞到的濃濃煙硝味，就是硝酸鉀燃燒後所放出的氣味。

硝酸鉀遇熱會分解成亞硝酸鉀及氧氣，氧氣可以助燃，幫助下一個硝酸鉀繼續分解，因此只要連續沾有硝酸鉀的地方，就可以持續的燃燒下去。利用硝酸鉀遇熱分解原理，在紙張上用飽和硝酸鉀溶液寫字畫圖，等乾燥後，用點燃的線香點在沾有硝酸鉀的紙張，就會持續燃燒，直到我們所寫的痕跡全部燒光，簍空的文字就顯現出來了。

▲製備一杯飽和硝酸鉀水溶液。

▲用水彩筆沾取硝酸鉀水溶液，在白紙上面寫字畫圖。

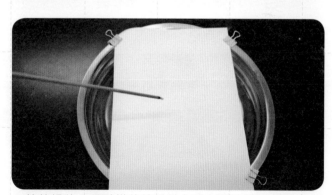
▲等乾燥後，用點燃的線香點在沾有硝酸鉀的紙張上。

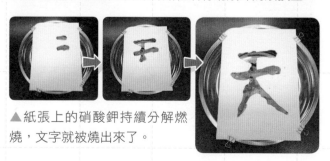
▲紙張上的硝酸鉀持續分解燃燒，文字就被燒出來了。

作者簡介

陳坦克　曾擔任國立臺灣科學教育館實驗課程講師，目前是淡江大學化學系「化學遊樂趣」的活動企劃，旅行於全臺灣各地的偏鄉學校，利用趣味性十足的科學實驗活動來說明艱深難懂的科學知識，傳遞科學的種子。

無字天書

國中理化教師　何莉芳

主題導覽

原本空無一物的無字天書，為什麼經過烘烤就能顯現出隱藏的字跡？這特殊的方法是什麼？〈無字天書〉提供了兩種方法，一種是讓字跡上的有機化合物碳化而顯現文字，另一種則是透過點燃線香，使字跡上的硝酸鉀受熱分解提供氧氣，進而蔓延自動燒出字跡。文章內容清楚解釋紙張碳化或燃燒對無字天書的影響，帶領我們認識有機化合物碳化的應用，也探究生活中有哪些水溶液，同樣具有製作無字天書的效果？原理相同嗎？

閱讀完文章後，你可以利用「關鍵字短文」和「挑戰閱讀王」了解自己對這篇文章的理解程度。除此之外，還有沒有其他方法也能製作無字天書呢？「延伸知識」中補充了酸鹼變色、碘酒的變色等無字天書的簡單介紹，可以幫助你更深入的理解無字天書的奧祕。

關鍵字短文

〈無字天書〉文章中提到許多重要的字詞，試著列出幾個你認為最重要的關鍵字，並以一小段文字，將這些關鍵字全部串連起來。例如：

關鍵字：1. 無字天書　2. 檸檬酸　3. 受熱分解　4. 有機化合物　5. 碳化

短文：無字天書是指原本在紙上看不到字，經過特殊方法卻能顯現祕密文字的文件。利用檸檬酸水溶液書寫文字後，因為檸檬酸是由碳氫氧組成的有機化合物，受熱分解後脫水碳化，就能在紙上殘留下黑色的字跡。紙張纖維也是有機化合物，有些物質可讓紙張在高溫下碳化，同樣會產生無字天書的效果。

關鍵字：1.＿＿＿＿＿　2.＿＿＿＿＿　3.＿＿＿＿＿　4.＿＿＿＿＿　5.＿＿＿＿＿

短文：＿＿＿＿＿＿＿＿＿＿＿＿＿＿＿＿＿＿＿＿＿＿＿＿＿＿＿＿＿＿＿＿＿＿＿

＿＿＿＿＿＿＿＿＿＿＿＿＿＿＿＿＿＿＿＿＿＿＿＿＿＿＿＿＿＿＿＿＿＿＿＿＿＿

＿＿＿＿＿＿＿＿＿＿＿＿＿＿＿＿＿＿＿＿＿＿＿＿＿＿＿＿＿＿＿＿＿＿＿＿＿＿

＿＿＿＿＿＿＿＿＿＿＿＿＿＿＿＿＿＿＿＿＿＿＿＿＿＿＿＿＿＿＿＿＿＿＿＿＿＿

挑戰閱讀王

看完〈無字天書〉後，請你一起來挑戰以下題組。

答對就能得到👍，奪得 10 個以上，閱讀王就是你！加油！

☆用棉棒沾取檸檬酸水溶液，在紙上寫出透明的字跡，乾了之後就成了無字天書。
 只要跟著步驟操作，能成功破解隱藏的文字。

（　）1.根據文章，怎麼樣能讓利用檸檬酸水溶液書寫的無字天書「顯色」呢？
　　　（答對可得 1 個👍）
　　　①將紙張泡在水裡　②噴灑小蘇打水
　　　③加熱到足夠溫度　④點火燒字跡

（　）2.檸檬酸書寫的字跡變成褐色的原因是下列何者？（答對可得 1 個👍）
　　　①檸檬酸本身成分脫水形成黑色碳
　　　②紙張因為含檸檬酸而加速焦黑
　　　③檸檬酸與紙張起反應而變黑
　　　④檸檬酸原本就是黑色

（　）3.承上題，這種變化稱 什麼？（答對可得 1 個👍）
　　　①碳化　②消化　③腐蝕　④熔化

（　）4.會發生變化的主要原因，是檸檬酸結構中含有什麼原子？
　　　（答對可得 1 個👍）
　　　①碳原子（C）　②氫原子（H）　③氧原子（O）　④氮原子（N）

（　）5.生活中哪些現象類似這種無字天書實驗呢？（多選題，答對可得 2 個👍）
　　　①麵包上的褐色焦皮　②布丁的焦糖製作
　　　③鐵釘生鏽　④香蕉皮變黑

☆文章中研究了不同物質的水溶液，例如葡萄糖、白醋、鹽巴、膠水、小蘇打粉等。

（　）6.哪些物質的水溶液能夠成功做出無字天書的顯色效果呢？
　　　（多選題，答對可得 2 個👍）
　　　①水　②葡萄糖　③白醋　④鹽巴　⑤膠水　⑥小蘇打粉

（　）7. 小蘇打水溶液也能寫出無字天書，它寫出的字跡顯現的原因，與葡萄糖是
否完全相同呢？（答對可得 1 個👍）
①相同，都是幫助紙張纖維受熱分解而碳化
②相同，兩種物質都是有機化合物，加熱後都會發生碳化
③不同，小蘇打是利用鹼性使紙張變黑，葡萄糖形成字跡的是糖的殘骸
④不同，小蘇打是幫助紙張纖維碳化，字跡是紙張的殘骸，而葡萄糖則是
本身被碳化

（　）8. 如果想要用牛奶來書寫無字天書，並用相同烘烤方式進行文字顯現效果，
請幫忙推測牛奶是否也會成功？（答對可得 1 個👍）
①成功，只要是水溶液，不管是什麼都能幫助附著區域紙張纖維碳化
②成功，牛奶含有機化合物成分，該成分會碳化形成字跡
③失敗，牛奶本身就是白的，只能讓紙張均勻變褐色
④失敗，只有用文章介紹的那幾種溶液才能製作無字天書

☆番外篇示範了另一種用飽和硝酸鉀水溶液在紙上書寫的無字天書。

（　）9. 怎麼讓飽和硝酸鉀水溶液書寫的無字天書顯現字跡？（答對可得 1 個👍）
①將紙張泡在水裡　②噴灑小蘇打水　③加熱到足夠溫度　④點火燒字跡

（　）10. 承上題，讓飽和硝酸鉀水溶液的無字天書顯現字跡的原理是什麼？
（答對可得 1 個👍）
①硝酸鉀為有機化合物，因此加熱後發生碳化
②硝酸鉀受熱分解出氧氣，使得書寫處燃燒出鏤空痕跡
③硝酸鉀具強烈腐蝕性，高溫下會將紙張腐蝕出一個洞
④跟小蘇打水溶液一樣，都是幫助紙張纖維碳化

延伸知識

　　無字天書並不是真的無中生有，而是要透過適當方法，讓隱藏的文字現身。除了文章裡提到利用高溫或火兩種方法之外，還有以下幾種做法：

1. 書寫方式：**用小塊肥皂寫字。**

　　顯色方式：噴水或將紙張浸到水盆中再撈起，就會看到字跡。

　　原理：紙張遇水後，因為吸水程度不同導致深淺不同產生顏色差異，因此能分辨字跡。紙張乾了後又會變回無字天書，再放入水裡會再次出現。只是泡水泡久了，紙張容易破掉。

2. 書寫方式：**棉棒沾酚酞溶液在紙上書寫。**

　　顯色方式：沾取氫氧化鈉或小蘇打溶液，在紙上輕輕塗過，會出現紅色字跡。

　　原理：酚酞溶液是一種酸鹼指示劑，遇到鹼性溶液時會變成紅色，在酸性或中性溶液中則為無色。

3. 書寫方式：**澱粉加水製成溶液，在紙上書寫，等待乾燥。**

　　顯色方式：噴灑碘酒溶液，或用棉棒沾取碘酒溶液，在紙上輕輕塗刷，紙上會出現藍色字跡。

　　原理：澱粉遇到碘酒會變深藍色。

延伸思考

1. 如果在吐司麵包上，用棉棒沾濃糖水寫字，乾燥後送入烤箱，能不能做出好吃的吐司版無字天書呢？此外，吐司麵包含有機化合物，經過烘烤也會逐漸變成褐色。試試看，沾點水在吐司上面寫字再拿去烘烤，結果會如何？你將如何解釋呢？小心別烤過頭，讓吐司烤焦了！

2. 烘烤方式顯色的無字天書，效果與紙張材質有沒有關係呢？除了黑晶爐之外，吹風機或烤箱也能用來顯色嗎？選擇手邊不同材質的紙張，例如普通列印紙、寫書法的宣紙、繪畫用圖畫紙來試試看！

3. 除了本篇文章提到的兩種方法，以及延伸知識提供的三種方式，你還知道哪些製作無字天書的方法？請善用圖書館、網路查閱相關資料，並動手試試看！

醫院裡的 輻射線

在生活中難免會接觸到一些輻射線，
而且輻射線和醫療也有密切關係！
只要適當的運用，它就會是幫助人們的好工具。

撰文／劉育志

繪圖：莊雅涵

「**小**志醫師，校門口有一輛外型很特別的大巴士耶。」威豪問。

「那是 X 光車，要來幫大家做健檢。」雯琪立刻回答。

「你們有照過 X 光嗎？」我問。

「我照過左手。」莉芸舉手道。

「我上次從腳踏車上摔下來，醫師幫我照過腳踝。」文謙道。

「我小時候照過肚子。」雯琪想了想說。

「大家幾乎都有照 X 光的經驗，因為 X 光讓人類擁有透視的能力，早已是廣為利用的工具。」我說。

「透視？聽起來好像超能力喔。」

實用的診斷工具

「是啊，對古時候的醫師來說，這絕對是夢寐以求的超能力。過去，診斷疾病大多只能用手摸、用眼睛看、用耳朵聽，這邊敲一敲，那邊壓一壓。」我說：「由於人類感官的敏銳度很有限，診斷準確度自然不會太高。沒有正確的診斷，就無法給予正確的治療。尤其是藏在胸、腹腔或頭殼裡的臟器，看不到、摸不著，經常讓人束手無策。」

「1895 年，倫琴意外發現有種射線能讓

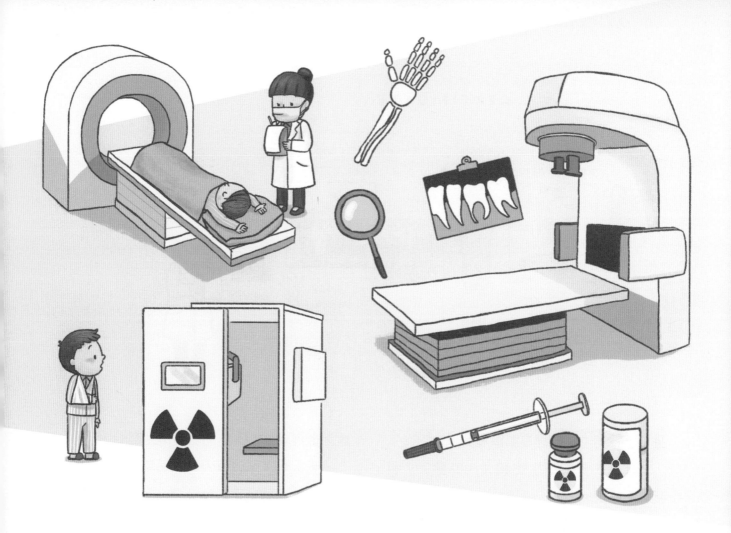

密封的底片感光。實驗後發現，用這種射線照手掌可以見到骨骼的影像。這項令人驚奇的結果很快就被運用到醫學上，並發展出放射科，專門用影像來診斷疾病。」

「醫師好厲害喔，從 X 光片就能看出很多問題。」文謙說。

「早期的 X 光片被廣泛用於檢查骨頭，評估骨折的狀況，因為骨骼的密度高，能夠得到清晰的影像。另一個是常見的胸部 X 光，因為肺臟充滿空氣，密度較低，所以能凸顯出心臟、主動脈或病灶的輪廓。由於 X 光片呈現的是人體構造重疊的投影，當這些構造的密度相近時，就無法清楚辨識。」

講到這兒，雯琪露出困惑的表情，似乎有聽沒有懂。

「打個比方，一群白天鵝湊在一起時，我們很難清楚認出某一隻。不過，假使有一隻黑天鵝混進去，那就會非常顯眼。」我說：「食道和心臟都是由肌肉組成，兩者密度相近，當它們重疊時，就很難辨識食道。」

「那要怎麼辦？」莉芸問。

「為了提升診斷能力，人們開始運用密度較高的顯影劑。在吞下顯影劑時拍 X 光片，就能看到食道的輪廓，判斷有沒有擴張、狹窄或阻塞。血管攝影是將顯影劑注入血管中，就能看到血液流動的狀況。膽道攝影、下消化道攝影是將顯影劑注入膽道或大腸，這些都是常見的診斷方法。」

「喔，好妙的方法。」

「到了 1970 年代，X 光的診斷能力大爆

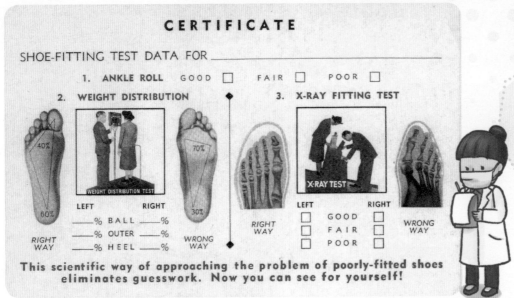

發。」我問：「聽過電腦斷層嗎？」

「什麼？電腦斷層也和X光有關？」莉芸有點吃驚。

「是的，平常的胸部X光是從單一方向拍攝一張影像，至於電腦斷層則是繞著身體拍下一系列影像，然後由電腦重組，呈現出體內的解剖構造。剛開始的電腦斷層速度很慢，影像也有點模糊，如今電腦斷層的速度愈來愈快、解析度愈來愈高了。」

「電腦斷層影像會看到身體的橫切面對不對？」文謙問。

「過去，電腦斷層影像大多是橫切面，但是隨著電腦科技的進步，已經可以重組出縱切面，甚至合成3D影像。」

「好酷喔！」

「真的很酷。」我豎起大拇指，「醫師可以從每一個角度觀察，弄清楚病灶的位置及周邊構造，便能擬定更完善的治療策略。電腦斷層系統的發明者豪斯費爾德和科馬克

也因此獲頒1979年的諾貝爾生醫獎。」

「那太棒了，以後大家到醫院都先做個電腦斷層，只要躺下來幾分鐘，就能找出身體的毛病。」威豪拍拍手。

「沒這麼單純啦。」我笑了：「疾病的表現千變萬化，醫師得先評估，再選擇合適的診斷工具，亂槍打鳥恐怕不是一個好方法。此外，電腦斷層雖然實用，但是患者會暴露在較多的輻射劑量之下。」

「輻射！？」威豪倒退兩步。

認識輻射劑量

「X光就是一種輻射線，它是能量較強的電磁波。雖然很實用，但是暴露過量也會傷害人體。當年，X光剛問世時，世人深深著迷，於是有許多異想天開的應用。例如鞋店裡喜歡擺一部X光機，讓試穿的客人照一照，看合不合腳。」

「竟然還有這種事！」文謙瞪大眼睛。

繪圖：莊雅涵．圖片來源：Flickr/ Golan Levin

「大家覺得 X 光好神祕、好厲害，於是趨之若鶩。直到輻射傷害漸漸浮現，才恍然大悟，開始防護及管控。你們到醫院去的時候可以觀察，放射科攝影室通常有厚重的鐵門，而且會掛上警告標示。」我接著道：「做電腦斷層時，機器會從各個方向拍攝，輻射劑量自然比單純 X 光片高出許多。」

「差多少呢？」

「照一張胸部 X 光片的劑量大約是 0.1 毫西弗，做一次頭部電腦斷層的劑量大約是 2 毫西弗，做一次腹部電腦斷層的劑量大約是 10 毫西弗。」

「所以做一次腹部電腦斷層等於照 100 張胸部 X 光片！」

我點點頭：「如果注射顯影劑後再照一次，那劑量又會更高。」

「輻射線照太多會怎麼樣？」莉芸問。

「會變成綠巨人浩克！」威豪彎起胳膊，露出猙獰的表情。

「人類發現輻射線的存在只有 100 多年的歷史，大家對這種肉眼看不到的能量充滿了想像與好奇，所以才會創作出許多跟輻射線有關的超級英雄。」我說：「人們希望由輻射線中獲取能量，於是把放射性物質加入各種日常用品中，廠商宣稱能量乳霜可以美容養顏，能量水有益健康，能量肥料可以提高產量，甚至還有能量巧克力棒。」

「這些東西有效果嗎？」

「當然沒有用，人體無法由輻射線中獲取能量，反而會受到傷害。因為輻射線在穿透人體時，可能破壞細胞裡的 DNA。DNA 裡儲存了各種細胞運作的方程式，當 DNA 遭到破壞，細胞可能會死亡，也可能出現異常。癌症便是細胞生長失控所導致。」

我輕拍威豪的頭，說：「如果在短時間裡接受到高劑量輻射，生物通常會在短時間內死亡，沒有機會變成綠巨人。」

「好可怕喔，那我以後不敢照 X 光了。」威豪搔搔頭。

「大可不必如此，因為即使不照 X 光，自然界中的輻射線也是無所不在。」

「什麼？難道教室裡也有輻射線！？」

「不只教室有，家裡、公園裡、動植物體內也都有微量輻射。」我說：「自然界中存在許多具有放射性的元素，如天然氣裡的氡，這些和宇宙射線統稱為背景輻射。」

「談到輻射線時，一定要考慮劑量。剛剛提過照一張胸部 X 光片的輻射劑量約 0.1 毫西弗，差不多是暴露在背景輻射之下 10 天的劑量。做一次乳房攝影的輻射劑量約 0.4 毫西弗，差不多是暴露在背景輻射之下

生活中常見的輻射線

游離輻射：能量較強	非游離輻射：能量較低
牙科口腔 X 光	手機與電器產品的電磁波
醫院診斷人體 X 光	微波
機場行李安檢 X 光	無線電波
搭飛機在高空的背景輻射	太陽光
地面背景輻射	

40 天的劑量。至於做一次頭部電腦斷層的輻射劑量，差不多是暴露在背景輻射之下八個月的劑量。如果接受太多不必要的輻射線，可能對身體產生負面影響。」

「原來是這樣啊。」文謙道：「上次我騎車跌倒，媽媽很緊張，一直問醫師需不需要檢查腦部。因為我沒有什麼不舒服，所以醫師沒有安排電腦斷層，只交代要好好觀察。」

我點點頭：「撞到頭的時候，最怕出現顱內出血，顱內出血必須做電腦斷層才有辦法確認。然而為了避免接受不必要的輻射線，醫師都會依照事故機轉、患者的症狀來判斷是否要做檢查。」

「顱內出血會有那些症狀呢？」

「患者可能會劇烈頭痛、劇烈嘔吐、手腳無力，甚至昏迷。出現這些症狀時，便需要立刻做電腦斷層。此外，患者若曾經失去意識、失去記憶，亦代表腦部遭受強力衝擊，所以需進一步檢查。」我提醒大家：「顱內出血的症狀可能會經過幾個小時之後才漸漸出現，大家務必小心觀察。」

用放射線治療疾病

「除了可以幫助診斷外，放射線還能治療疾病。肺癌、乳癌、鼻咽癌、子宮頸癌、腦膜瘤、聽神經瘤、腦下垂體腫瘤等疾病皆可嘗試放射治療。」我說：「醫師會根據腫瘤特性選用不同的放射線，利用電腦斷層精確

避免輻射危害

防護基本原則就是縮短暴露的時間、適當的遮蔽物、遠離輻射源。如牙科照口腔 X 光時穿上鉛衣阻擋 X 光穿透。

★臺灣民眾每人平均一年接受的天然游離輻射劑量為 1.62 毫西弗。

定位之後，對腫瘤發動攻擊。」

「小志醫師，用放射線照射腫瘤，難道不會破壞正常組織？」莉芸問。

「當然會影響正常組織，不過放射腫瘤科醫師會盡量避開正常組織，或由很多個方向照射腫瘤，讓正常組織承受較小的劑量，減少併發症。偶爾會出現在新聞裡的電腦刀、伽馬刀、光子刀便是放射治療的工具，人們期待放射線能像手術刀一樣消滅腫瘤。」

「光子刀？好科幻的名字，聽起來好像光劍喔！」威豪擺出拿劍的手勢左右揮舞。

「科技的進步讓醫師擁有愈來愈多樣的治療工具，也讓更多的患者受益。面對放射線，我們不可以濫用，但也不必因噎廢食，為了診斷或治療，醫師通常會謹慎使用各種放射線，該用則用，能免則免。對輻射有進一步的認識後，就不會窮緊張囉！」㊚

作者簡介

劉育志　筆名「小志志」，是外科醫生，也是網路宅男，目前為專職作家。對於人性、心理、歷史和科學充滿好奇。

繪圖：莊雅涵

醫院裡的輻射線

國中理化教師　李冠潔

主題導覽

1895 年倫琴意外發現 X 光後，短短幾個月 X 光就被大量應用，不只出現在醫學領域，甚至是各行各業。例如鞋店用 X 光看鞋子合不合腳，或是美國商家利用 X 射線製造美容除毛機，但濫用的結果導致使用者出現感染、潰瘍，甚至皮膚癌等症狀，為何輻射線會導致那麼嚴重的後果呢？

其實輻射有很多種，並不是全都會造成病變，其中的 X 光是一種波長短、頻率高的電磁波，能量較強，因此容易造成人體細胞內的電子游離，但是少量照射並不會有影響，要超過人體承受範圍才會出現病變，所以不需要緊張，適當且合理的使用方式，反而能幫我們治療許多疾病，延長我們的壽命！

閱讀完文章後，你可以利用「關鍵字短文」和「挑戰閱讀王」了解自己對人工輻射的理解程度；「延伸知識」中補充日常輻射的知識；再加上「延伸思考」，可以進一步認識宇宙射線。

關鍵字短文

〈醫院裡的輻射線〉文章中提到許多重要的字詞，試著列出幾個你認為最重要的關鍵字，並以一小段文字，將這些關鍵字全部串連起來。例如：

關鍵字： 1.電磁波　2.游離輻射　3.非游離輻射　4.電腦斷層掃描

短文： 輻射是傳遞能量的一種方式，如電磁波就是一種輻射，輻射依照能量又可分為游離輻射和非游離輻射，非游離輻射的能量比較低，例如：無線電波、紅外線、可見光、部分紫外線，較高能量的則稱為游離輻射，例如高能量紫外線、X 光、伽瑪射線。游離輻射的能量比較強，對人體穿透性也較強，例如電腦斷層掃描，是利用 X 光對身體進行掃描、找出病癥的方式。

關鍵字： 1.＿＿＿＿＿　2.＿＿＿＿＿　3.＿＿＿＿＿　4.＿＿＿＿＿　5.＿＿＿＿＿

短文： ＿＿＿＿＿＿＿＿＿＿＿＿＿＿＿＿＿＿＿＿＿＿＿＿＿＿＿＿＿＿＿＿＿＿＿

＿＿＿＿＿＿＿＿＿＿＿＿＿＿＿＿＿＿＿＿＿＿＿＿＿＿＿＿＿＿＿＿＿＿＿＿＿＿

挑戰閱讀王

看完〈醫院裡的輻射線〉後，請你一起來挑戰以下題組。

答對就能得到👍，奪得 10 個以上，閱讀王就是你！加油！

☆輻射是一種具有能量的波或粒子，如電磁波（包含無線電波、微波、可見光、紫外線、X 射線等）以來自放射性物質的微小粒子（包含 α 粒子、β 粒子、中子等）都稱為輻射。而依照能量高低，又可將其分成能量較低的非游離輻射，如無線電波、微波、可見光、超音波、部分紫外線；能量較高的紫外線、X 射線與 γ 射線，以及粒子輻射則屬於「游離輻射」，如下圖。電磁輻射中的能量由頻率決定，頻率愈高能量愈強，波長則會愈短，能量愈強對人體的傷害也越大。請根據描述回答問題。

低頻率到高頻率	50 Hz	1 MHz	500 MHz	1 GHz	10 GHz	30 GHz	600 THz	3 PHz	300 PHz	30 EHz

非游離輻射　　　　　　　　　　　　　　游離輻射

無熱能效應，不會產生溫度變化　　有熱能效應，會產生溫度變化　　破壞生物細胞分子

靜電磁場　　極低頻電磁場　　無線電波　　微波　　紅外線　　紫外線　　X 光輻射

（　）1.下列哪一種電磁波的輻射最強？（答對可得 2 個👍）

　　　　①無線電波　②微波　③紅外線　④紫外線

（　）2.承上題，能量愈強的電磁波具有下列何種特性？（答對可得 2 個👍）

　　　　①波長較長　②對人體較無傷害　③頻率較高　④適合用來傳訊

（　）3.關於輻射的敘述何者正確？（答對可得 2 個👍）

　　　　①輻射對人體只有害處沒有益處　②自然界中的輻射無所不在

　　　　③輻射只有 X 光一種　④輻射愈強，波長就愈長

☆紫外線和紅外線是日常生活中常聽到的輻射，和可見光相同屬於電磁波，且同樣來自陽光，但是波長皆在可見光之外。紅外線的波長為 760 奈米至 1 毫米之間，雖然肉眼看不見，但物體照射後表面的溫度會上升，因此又稱為熱射線，常用在醫療器材上，也可用在機械或是食品的烘乾脫水。紫外線的波長在 10 至 400 奈

圖片來源：Shutterstock

米之間，是波長較短的非可見光，因此能量也較大，可穿透至皮膚真皮層，導致皮膚受傷，或是眼睛病變。請根據描述回答下列問題。

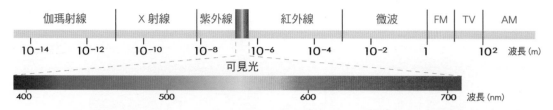

（　　）4. 根據上述文章的敘述，試判斷下列何者錯誤？（答對可得 2 個👍）

　　　　①紅外線和紫外線人眼皆不可見

　　　　②紅外線的波長較紫外線長

　　　　③可見光波長約在 400 奈米到 760 奈米之間

　　　　④紅外線和紫外線一樣，照射到都會傷害皮膚

（　　）5. 下列何者可能不是紅外線的用途？（答對可得 2 個👍）

　　　　①殺菌消毒儀器　②食品乾燥　③醫療熱敷儀器　④機械烘乾設備

延伸知識

輻射的種類：輻射除了依照能量可分為游離性與非游離性之外，也可依照來源分成人工以及天然的輻射線。天然輻射線大多來自太陽光或宇宙射線，或是環境中的土壤、岩石等天然放射性物質。宇宙射線為各種能量的電磁波和粒子所組成，且離地表愈遠、輻射量愈大，因此常坐飛機的人吸收到的輻射量會比較多，因此就算在飛機上也應該做好防護措施，例如擦防曬乳或是穿外套。

　　人工輻射線則包含了醫療常用的 X 光和治療癌症的放射線，以及核能發電物質釋放的輻射等。人工輻射在醫學上和工業上都有廣泛用途，雖然輻射對人體可能有害，但使用中只要遵守規範、做好保護，人們吸收的人工輻射甚至比天然輻射少，因此大家在使用輻射治療時不用過度擔心。

延伸思考

1. 人工輻射還有哪些種類呢？又有什麼用途？

2. X 光能看透人體的祕密，X 光為何能穿透人體，它的作用機制為何？

3. 宇宙射線的來源是哪裡？又如何產生？

撰文／高憲章

啊～

誰把我的餅乾吃完了！

罐子上有指紋？好樣的！讓我找出是誰吃光的！

不會是老爸吃的吧？

老媽的梳子上應該有指紋……

該不會是昨天來玩的小敏吧……

圖片來源：Freepik、達志影像；繪圖：曾建華

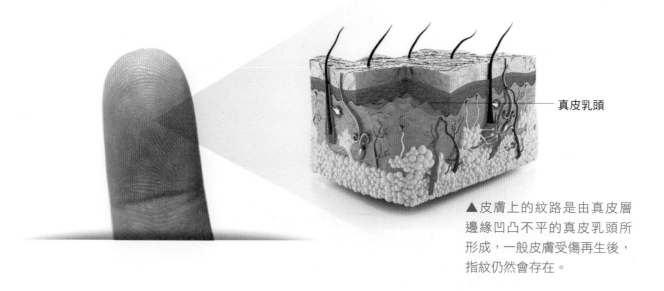

真皮乳頭

▲皮膚上的紋路是由真皮層邊緣凹凸不平的真皮乳頭所形成，一般皮膚受傷再生後，指紋仍然會存在。

電影中常出現用指紋尋找犯人的劇情，其實人的皮膚上有凹凸紋路，手指上的稱為指紋，每個人都有屬於自己獨一無二的指紋，雖然看不到，但就像走過必留下痕跡一般，摸過也必留下指紋喔！

人的指紋在胎兒時期就已經形成了，隨著身體長大，指紋會變長變寬，但紋路和形狀卻不會改變，會跟著我們一輩子。當我們手指觸碰到物品的時候，手指上無數的毛細孔所分泌出的物質，會依據手指的紋路殘留在這些物品上，這些物質就是尋找指紋時最重要的線索，這些手指所殘留的物質成分中，水是最大宗的，占了 98.5%，其他還有尿素、胺基酸等等的有機化合物占了約 1%，剩下的 0.5% 就是鉀、鈉、鈣等電解

▲指紋紋路細節不論是起點、終點、結合點或分叉點，這些特徵不會隨著年齡成長而改變。

質，科學家利用這些物質的特性，就能在我們摸過的地方把指紋找出來。

利用指紋的水分

要找出指紋，可以利用殘留在物體表面的水分，只要讓這些水分吸附粉末，就能夠重現指紋，不過還是有些限制，如果手指摸過的表面是紙張或布料這類具有吸水性的材質，會使得指紋殘留的水分蒸發或是被擴散開來，隨著時間愈久，想要靠粉末在這些表面重新顯現指紋的效果就愈差。

小敏，別讓我抓到是你吃光的！

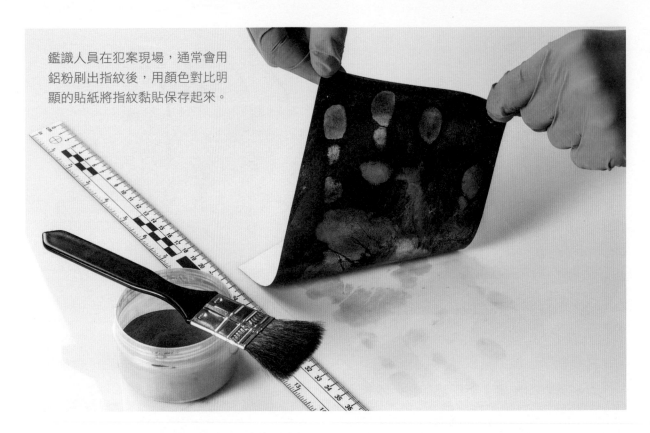

鑑識人員在犯案現場，通常會用鋁粉刷出指紋後，用顏色對比明顯的貼紙將指紋黏貼保存起來。

尋找指紋要使用顆粒夠細的粉末，如果用的粉末顆粒比指紋紋路的寬度還要大，那絕對看不出指紋的模樣，而且粉末的顏色要跟表面顏色有明顯的對比，如果是在比較暗的表面，就必須使用淺色的粉末，通常尋找指紋會使用深色的鐵粉或是淺色的鋁粉這類的金屬粉末。

用柔軟刷毛沾些均勻細小的粉末後，用非常輕的力道，把粉末刷在可能殘留指紋的表面上，指紋留存在表面上的水分，會吸附這些粉末，接著輕輕的把多餘的粉末刷掉，就能看到指紋了。如果手指已經接觸過很久了，表面殘留水分很少時，可以輕輕的對著表面呵氣補充水分，然後再刷粉，指紋就能顯現得更清楚了。

如果想要保存這個指紋，可以用透明膠帶或貼紙小心的把這些粉末黏起來，再貼到顏色對比高的紙上，便能保存一個指紋，這就是最簡單的指紋採集方法！

利用三秒膠

其實在我們的生活中，有一個很常見的用品，可以用來尋找指紋，就是含有氰基丙烯酸酯的三秒膠。我們把要採集指紋的物品放

嘿嘿！取得老媽指紋！

鋁箔杯內有擠出的三秒膠

圖片來源：達志影像；繪圖：曾建華、黃榆儒

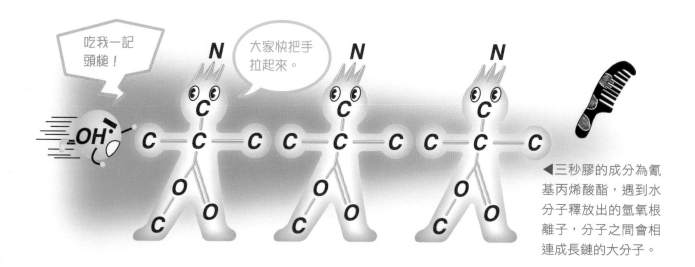

▲三秒膠的成分為氰基丙烯酸酯，遇到水分子釋放出的氫氧根離子，分子之間會相連成長鏈的大分子。

置在一個密閉的容器中，擠一些三秒膠到鋁箔紙折成的小杯子裡，趕快把鋁箔杯放到可密閉的容器中，密閉一段時間就會看到容器上只要有手指摸過的位置，會有灰白色的指紋顯現出來。

三秒膠內含有氰基丙烯酸酯，當氰基丙烯酸酯碰到氫氧根離子時，就會開始快速的進行聚合反應，從一個個單體變成一個長鏈的分子，使用三秒膠採集指紋，是利用指紋水分中能夠形成氫氧根的離子，引發聚合反應形成大分子讓指紋顯現。

在密閉的空間中，用三秒膠採集指紋是非常方便的手法，不過在使用時要視情況而定，如果要在一臺車子內尋找犯人的指紋，打開三秒膠放到車內一段時間，車內有沾到指紋的地方，就會生成氰基丙烯酸酯的聚合物，一枚一枚的指紋就出現了；但是如果這臺車有好多人摸過，就會出現上百個指紋，那可是眼花撩亂無法辨認的！平常想要用三秒膠法找尋指紋時，除了手指不要被三秒膠黏到之外，也要小心不要吸入這些三秒膠散發出來的氣體。

利用碘蒸氣

另一種在生活中可以用來尋找指紋的工具是「碘」。碘酒加熱時的碘蒸氣，能夠和指紋中的脂肪酸發生反應，形成紫棕色的碘錯合物，這種碘錯合物並不穩定，在一般溫度下，有可能會分解，碘再度昇華成蒸氣跑掉，原本形成的指紋就消失了。所以如果指紋是留在書本紙張上，可以用碘蒸氣法來採集指紋，指紋出現後拍張照留存，再稍微加熱一陣子，指紋就會消失，紙張不會受到任何影響。這是各種指紋採集方法中，最不會破壞到物體原本狀態的一種方法。

等下要拍照存證，不然就消失了。

碘酒

利用胺基酸

指紋會殘留在物體表面的成分中，水跟脂肪酸我們都利用過了，另外還有一個成分能夠讓我們使用，就是那些少少的胺基酸。化學家發現用茚三酮配製成的寧海德林試劑，可以和任何具有胺基的化合物發生反應，生成深紫色的羅蔓紫化合物，因此指紋殘留的化學物質中，不論是胺基酸分子或是蛋白質，都能和寧海德林試劑形成紫色的化合物。這個反應非常靈敏，速度也很快，只要

我有問題！

胺基酸和蛋白質都含有胺基？兩個很像嗎？

胺基是氮分子上的氫原子被官能基取代的化合物統稱，結合有機酸結構形成胺基酸，胺基酸是生物體中最重要的化合物之一，每個胺基酸以一個碳原子為中心，分別連接了一個胺基、一個羧基（有機酸）和一個碳鏈官能基（通常寫成 $R1$、$R2$、$R3$……），所以稱為胺基酸，依據胺基酸上特殊官能基的不同，總共有 22 種的胺基酸，這 22 種胺基酸的排列組合，賦予了蛋白質各種功能，產生了上千萬種不同結構的蛋白質。

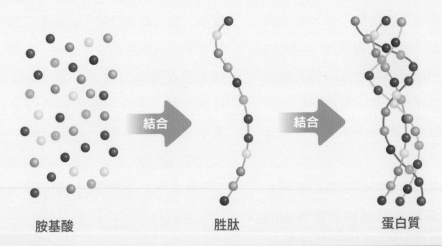

胺基酸　　　　　　　胜肽　　　　　　　蛋白質

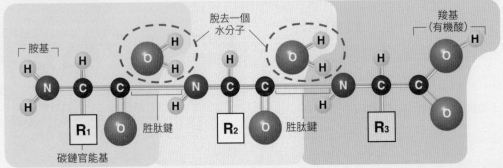

當兩個胺基酸進行脫水反應，一個會脫去氫氧基，另一個脫去一個氫，連在一塊的氮碳鍵稱為胜肽鍵，連在一起的胺基酸稱為胜肽，許許多多的胺基酸脫水連接後就形成蛋白質，蛋白質都是以胺基酸為基本單位，慢慢連接盤繞組合成的。不過不管怎麼連接，總會有一端的是胺基，另外一邊是羧基，這個胺基就是化學家用來進行反應的關鍵。

▲寧海德林試劑形成的暗紫色指紋。

▲指紋門禁系統讓你不需要帶鑰匙，用指紋就能打開家門。

把試劑噴灑在可能殘留有指紋的表面，很快就會看到深色的指紋出現。

有時候像紙類、布料這些水分容易擴散揮發的材質，隨著時間流逝，即使過了好一段時間，只要這些含有胺基的化合物還殘留在紙上，寧海德林試劑一噴上去就發生反應了，這些羅蔓紫化合物可以幫助我們找到很久以前的指紋。

現代科技的進步，讓我們在指紋應用上有許多辨識方式，其中一種是利用非常小的電容，排列在板子上做成的感應晶片，當指紋接觸到電容，會轉譯成指紋的圖像來辨識，

另外一種是光學式指紋辨識，像掃描機一樣透過光反射與感光元件的組合來掃描出指紋的圖像，不過，這些方法都需要手指直接觸碰電子元件，才能得到指紋的資訊。

當電子元件沒辦法追蹤到指紋時，我們可以透過這回學到的化學方法，將身體殘留的物質一一現形，當個指紋偵探！

作者簡介

高憲章　在淡江大學理學院科學教育中心擔任執行長，同時負責化學下鄉活動計畫，跟著行動化學車全臺跑透透，經由各種化學實驗與全臺各地的國中生分享化學的好玩與驚奇。因為個子很高，所以是名符其實的高博士。

圖片來源：高憲章（左）、達志影像（右）；繪圖：曾建華、黃榆儒

奇怪？怎麼只有我的指紋？

對了！我昨天半夜好像肚子餓⋯⋯

是誰把我的梳子搞成這樣！

指紋偵探

國中理化教師　李冠潔

主題導覽

根據本文我們得知，凡「摸」過必留下痕跡，雖然肉眼未必看得見，但讓痕跡現形的方式有很多，可以利用手指頭殘留的水氣被鋁粉等物質吸附的物理反應，或是利用水中的氫氧根離子引發的聚合反應，亦或使用碘產生聚合物等化學反應，讓指紋現形。

指紋是每個人與生俱來獨一無二的識別證，無法複製和改變，就算容貌隨時間有了變化，我們的指紋卻不會變。拜科學的進步所賜，指紋除了能找出犯罪者之外，也能做為我們的個人保護密碼，例如手機、筆電的解鎖與安全支付，或是家裡電子門鎖的密碼，指紋就像是我們自帶的一把鎖，有了指紋這把鑰匙，再也不用怕會忘記帶「鑰匙」啦！

閱讀完文章後，你可以利用「關鍵字短文」和「挑戰閱讀王」了解自己對指紋辨識的理解程度；並透過「延伸知識」和「延伸思考」，更深入認識指紋的功能！

關鍵字短文

〈指紋偵探〉文章中提到許多重要的字詞，試著列出幾個你認為最重要的關鍵字，並以一小段文字，將這些關鍵字全部串連起來。例如：

關鍵字：1. 胺基酸　2. 脂肪酸　3. 聚合反應　4. 碘　5. 錯合物

短文：人體含量最多的就是水了，皮膚內約有 70% 的水，而人體內的有機物則包含了胺基酸、脂肪酸、醣類等，我們可以利用人體內所含的成分，和特定化學物質產生反應，例如水與氰基丙烯酸酯會發生聚合反應，碘能夠和脂肪酸發生化學反應形成錯合物等，找出人體凡走過必留下的痕跡。

關鍵字：1.＿＿＿＿　2.＿＿＿＿　3.＿＿＿＿　4.＿＿＿＿　5.＿＿＿＿

短文：＿＿＿＿＿＿＿＿＿＿＿＿＿＿＿＿＿＿＿＿＿＿＿＿＿＿＿＿＿＿＿＿＿＿＿＿

＿＿＿＿＿＿＿＿＿＿＿＿＿＿＿＿＿＿＿＿＿＿＿＿＿＿＿＿＿＿＿＿＿＿＿＿＿＿＿

挑戰閱讀王

看完〈指紋偵探〉後，請你一起來挑戰以下題組。

答對就能得到👍，奪得 10 個以上，閱讀王就是你！加油！

☆從本文我們得知，可以用鐵或鋁等金屬附著於水分，讓指紋的排列現形。鐵和鋁是地殼中含量最豐富的金屬，但是純鐵和純鋁含量非常少，大多以化合物態的礦石存在地殼中。鐵和鋁都是日常生活中應用非常廣泛的金屬，從家裡的門窗、建築用的鋼筋，到每天使用的錢幣，都含有鐵的成分；人體需要鐵來合成血紅蛋白，植物也需要鐵來合成葉綠素。鋁的質地則較輕、密度較小，雖然活性較鐵大，但是氧化後質地緻密，且耐腐蝕，除了適合製作生活用品，更適合做為航空或國防軍工業的材料。請根據敘述回答下列問題。

（　　）1. 下列哪個用品不適合用鐵來製作？（答對可得 2 個👍）

　　　　①錢幣　②飲料罐　③飛機　④門窗

（　　）2. 根據本段敘述推論，關於鐵的特性何者錯誤？（答對可得 2 個👍）

　　　　①活性比鋁大，因此更容易生鏽

　　　　②鐵的密度比較大，因此鐵罐比鋁罐還重

　　　　③鐵和鋁活性都偏大，因此以化合物態存在地殼中

　　　　④許多生物都需要鐵來維持正常生理機能

（　　）3. 根據本段敘述推論，下列何者不是航空業用鋁為外殼的主要原因？

　　　　（答對可得 1 個👍）

　　　　①活性較大，易氧化　②密度比較小、較輕

　　　　③鋁在地殼中含量較多　④耐腐蝕

☆蛋白質為人體組織器官的主要構成成分，是生物體內種類最多的有機物，人體內的蛋白質就有 200 萬種。我們的頭髮、皮膚、肌肉、神經、酵素等，皆是由蛋白質組成。蛋白質是分子量破萬的巨大分子，由許多胺基酸小分子聚合而成，因此也屬於有機聚合物。人體必需胺基酸有 20 幾種，大多可自行製造，少數必須由食物中取得。胺基酸對生理代謝扮演重要的角色，例如活化細胞、減緩老化、增

強免疫力等，如果挑食或是飲食不均衡，很容易造成生理病變。

（　　）4.根據上述文章，關於胺基酸的敘述下列何者錯誤？（答對可得 1 個👍）

①是構成蛋白質的小分子

②人體內許多組織器官都由胺基酸構成

③ 20 幾種胺基酸就可以排列出上百萬種蛋白質

④所有胺基酸都要從食物中獲得

（　　）5.下列何者不是缺乏胺基酸會出現的症狀？（答對可得 1 個👍）

①變得年輕　②肌肉量流失　③免疫力下降　④感覺疲累

☆聚合物是指分子量非常大的化合物，由數千個原子組成，通常分子量超過一萬。稱之為聚合，是因為這類化合物由許多小分子的單體重複聚合而成。聚合物可以分成天然的和人工合成的，天然的聚合物如澱粉、蛋白質、天然橡膠；人工的聚合物如橡膠、塑膠、樹酯等。聚合物依照形狀又可分為鍊狀及網狀聚合物，鍊狀聚合物質地柔軟，加熱會軟化變形，因此可以回收，例如常見的寶特瓶或是保麗龍；網狀聚合物質地較硬，加熱不易變形，很難回收再利用，容易造成環境的垃圾汙染，例如輪胎或是電路板。

（　　）6.下列何者不是聚合物？（答對可得 1 個👍）

①澱粉　②蛋白質　③葡萄糖　④橡膠

（　　）7.關於聚合物的敘述何者不正確？（答對可得 1 個👍）

①自然界存在許多聚合物

②人造的聚合物都不能再利用，只會增加地球負擔

③聚合物可以是天然的，也可以人工合成

④聚合物是分子量非常大的化合物

延伸知識

指紋的功能：由於每個人的 DNA 序列不同，因此長出的指紋凹凸方式也不同。指紋的獨特性如同長相，可以用來辨識身分，但長相會隨著年紀和妝容改變，指紋卻不太會改變，因此用指紋來建檔和辨識最方便可靠，而且即使是雙胞胎的指紋也不太相同。不過人體指紋在演化上並不是用來辨識身分的，而是用來增加摩擦力；有了指紋，我們才能用手牢牢的握住物體，假設我們的手非常光滑、沒有凸起，就像塗了油的物體一樣，完全沒有辦法握住物體。我們的手在水中泡一段時間會起皺摺，也是為了增加摩擦力，讓我們在水中一樣可以抓握東西。指紋是不是很不起眼，但又非常有用的構造呢？

延伸思考

1. 其他動物有指紋的構造嗎？哪些生物可能會有指紋？

2. 指紋除了用來抓握東西及辨識身分之外，還有沒有其他功能？

3. 現在科技的指紋辨識系統已經非常發達，許多地方都裝設有指紋辨識系統，這些指紋辨識系統背後的原理相同嗎？有哪些原理？

把白光變彩虹
光譜儀

不管是陽光還是燈光，
看似白色的但其實由許多顏色組成！
一起自製光譜儀，讓白光現出原形吧！

撰文／簡志祥

大家對彩虹應該是再熟悉不過了，我想你也能輕易背出彩虹的顏色吧！不過你知道彩虹可以拿來做很多科學實驗嗎？這邊說的彩虹其實不是天邊的彩虹，而是用你身邊的物體就可以創造的彩虹。什麼東西呢？那就是光碟片。

拿出光碟片來看看吧！拿著銀色反射層的那面傾斜對著太陽（日光燈也行），是不是會看到有彩虹出現呢？這個彩虹就是我們要利用的對象喔！

用光碟片「分」出彩虹

用光碟片可以看到彩虹，是因為光碟片具有「分光」的效果，能夠把太陽的光線分開來變成各種顏色的色光。而光碟片之所以

可以分光，是因為光碟片裡面的紀錄層有許多排得很密的凹槽，在光碟片裡以同心圓的樣子排列。CD 片的凹槽密度每 1 公釐有 625 條，每個凹槽間距是 1600 奈米（nm，1 奈米 = 10^{-9} 公尺）。DVD 片每公釐則有 1350 條，溝距就是 740nm。凹槽的密度愈高，就能把不同顏色的色光分得愈開，也就產生愈好的分光效果，因此 DVD 的分光效果會比 CD 來得好。

把光分開來做什麼啊？我們先來點科學小實驗。請打開電腦或是手機，讓螢幕呈現白色的畫面，然後用高倍率的放大鏡或是珠寶顯微鏡仔細觀看螢幕的像素，你應該會看到螢幕的白色部分其實是紅、綠和藍三種顏色所組成的。如果你手邊沒有這些工具

的話，用一根迴紋針做成水滴放大鏡也可以喔！（見右方說明）

透過觀察螢幕我們可以知道，只要使用紅光、藍光和綠光組合混色，就能讓眼睛看上去覺得是白光。可是你知道嗎？在你周遭能發出白光的東西，其實組成它的各色色光強度和比例可能都不一樣喔！比方說現在市面上的白光 LED，有的是用高亮度藍光 LED 去照射黃色螢光粉，有一些則是同時使用了能發出紅色、藍色和綠色的螢光粉。要怎麼分辨它是哪類型的？這時候我們說的「分光」就要派上用場了。

水滴放大鏡的做法應該是最簡單的放大鏡了，說不定也是人類最早用的放大鏡！把一根迴紋針彎一下，中間滴一滴水，這樣就有放大功能了。放在手機螢幕前，依稀可以看出不同顏色的像素。

動手自製光譜儀

為了將光碟片的分光效果發揮得更好，我們需要把光碟片裁小一點，放進一個盒子裡，讓外界的光線透過一個狹縫照射到光碟片，我們再透過觀察孔去看分光出來的樣子。那個看起來像是彩虹的東西稱為「光譜」，而能分光的儀器就叫做「光譜儀」。

用光碟片製作的光譜儀分成透射型和反射型兩種，反射型是讓光線照射光碟片之後產生光譜，而透射型則是讓光線穿透光碟片來產生光譜，在這裡我要介紹的是如何製作透射型的 DVD 光譜儀。我們使用 DVD-R 來當材料，只要用一把剪刀或是美工刀，就可以將光碟片的透明層和裡頭的金屬層分離，而且透明層上的染料（通常是紫色），只要用酒精擦拭就可以去掉。

圖片來源：達志影像（左下），攝影：簡志祥，繪圖：曾建華、簡志祥（右下）

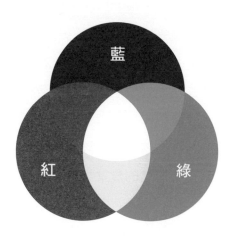

▲螢幕所使用的顏色模型是由紅（Red）、綠（Green）、藍（Blue）三原色的色光，以不同的比例相加（色相加）而產生的各種色光，稱為 RGB 顏色模型。

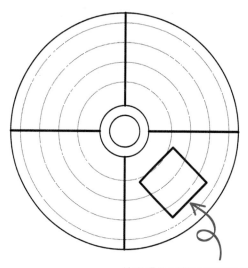

一片光碟片可剪裁出四片每片邊長 2.5 公分的小塊光碟片。

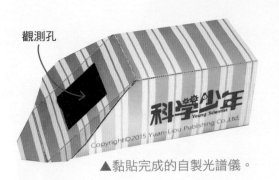

觀測孔

▲黏貼完成的自製光譜儀。

這裡有個重點，將小塊光碟片貼在觀測孔時，要注意讓光碟片的凹槽線條和光譜儀的狹縫互相平行喔！

透射型的光譜儀只需要一小片正方形的光碟片就可以，為了方便觀察，你要把光碟片剪裁成像上一頁右下圖那樣，凹槽必須盡量平行於邊長。你可以先在光碟片的透明層上畫上輔助線，再切割成邊長約 2.5 公分的小塊光碟片，通常一片光碟片可裁出四片。

光譜儀最好使用黑色不反光的厚紙板來製作，請參考第 83 頁的「光譜儀型板」製作，並將剪裁成小塊的光碟片貼在光譜儀的觀測孔內側，記得要切出狹縫喔！再把光譜儀型板沿線折好並黏貼，光譜儀就完成了。

這個光譜儀不只能用眼睛觀察，還能直接和手機結合，讓你的手機變成「數位光譜

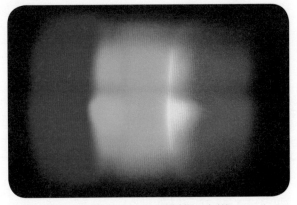

▲用自製光譜儀檢測到的白熾燈泡光譜。

儀」！怎麼做呢？很簡單，就把手機鏡頭對著觀測孔就行。你可以用手壓著觀測孔旁邊延伸的小紙片來固定，或是你也可以拿黏土把光譜儀固定在手機上，這樣你就可以拿著手機到處檢測光譜了。

完成之後，先用這個光譜儀看看你家的燈泡，同樣是黃光的燈泡，白熾燈泡和省電燈泡的光譜就是不一樣。這就像是指紋一樣，就算燈泡藏在燈罩裡頭，只要你用光譜儀一看，立刻就知道它的真實身分了。

讓光譜圖更準確

只是單純觀察實在不夠，應該要能做到校正分析獲得一張能夠對應出光強度和波長的

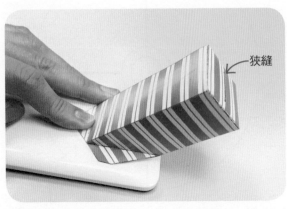

狹縫

▲將自製光譜儀的觀測孔對著手機鏡頭，並用手壓住延伸小紙片固定，就可以變成數位光譜儀。

繪圖：曾建華，攝影：編輯部（上、下圖）、簡志祥（中圖）

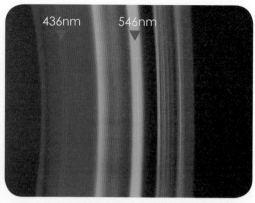

▲用自製光譜儀檢測到的省電燈泡光譜。

◀雷射光的波長單純且已知，適合用來校正相片，避免光譜產生位移。

光譜圖，這樣才能善盡光譜儀的義務啊！

校正分析的手法，就像是想要知道一張影像裡物體的長度，你必須先用畫面中的已知長度去得到像素和長度的關係，這樣才能得到未知物體的長度。舉例來說，畫面中有一個人拿著球棒，你想知道這人有多高，但你只知道球棒長度是 100 公分，這時候你可以先用軟體測量出球棒長度有多少像素，比方說 50 像素，換算之後你會知道一個像素對應的長度就是兩公分。接著你再去測量那人的高度有多少像素，假設有 100 像素，這樣你就可以算出那人有 200 公分。

校正光譜的方式也是一樣，除了待測物的光譜圖照片外，還必須有已知波長的光譜照片，而且這兩組照片拍攝時，手機和光譜儀必須固定在一起，避免相片產生位移。

而要取得已知波長的光譜照片，則可以用雷射光或是省電燈泡來製作。

用雷射光的原因是波長單純，上圖由左至右的雷射筆分別可以產生 405nm 的紫光、532nm 的綠光，還有 630 ～ 680nm 的紅光。另外一個選擇是用省電燈泡，因為省電燈泡的光譜中，其中幾個波長都是已知的，比方說藍光的波長是 436nm，綠光是 546nm（右上照片）。

開始校正時，要先對省電燈泡的光譜進行分析，這裡我們使用一個叫做「ImageJ」的免費影像分析軟體，先利用方形圈選工具在光譜圖上畫一個方框，寬度必須到畫面的邊界，高度則調整到足以框住清楚未變形的光譜，然後用 Analyze / Plot Profile 的功能產生折線圖之後，再將這折線圖的數據點儲存起來，用試算表軟體（如 excel）開啟，找到特定峰值（藍光的 436nm 和綠光的 546nm）的 X 座標，再用這兩組數據畫出一條趨勢線。求出這條趨勢線的方程式之後，就可以用來校正這次所有拍攝的光譜相片。

這樣的光譜儀可以做哪些應用呢？比方說，你可以看看各種不同色光的 LED 的光

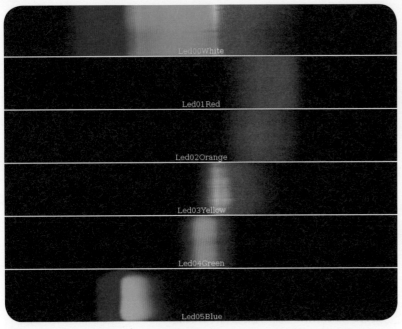

▲左側是正常的太陽光譜，右側則是穿透葉片（黛粉葉）的光譜，仔細看看哪些色光變得特別弱？

▲不同 LED 的光譜，由上而下分別是白、紅、橙、黃、綠、藍光。

譜長的有什麼不一樣。然後用前面的校正方式去找出這些 LED 的中心波長是多少，未來你做一些光學的科學實驗時，就有參考數據可以使用了。

葉子吸收什麼光？

利用光譜儀也能觀察葉子會吸收哪些色光喔！我們知道植物的葉綠素會吸收光能來進行光合作用，但不是每種顏色的色光都能夠被吸收。

拿出你的光譜儀讓狹縫朝著太陽，再拿一片葉子遮住一半的狹縫，另一半則讓陽光通過，對照左右兩邊的光譜，你就會發現被葉子遮住的太陽光譜，紅光和藍光黯淡了不少。這表示葉子吸收的光線以紅光和藍光為主，而綠光吸收得少，大多是被反射回去了，所以我們看到的葉子才會是綠色的。

做了這個實驗之後，你想想看，到底用綠光照植物是好還是不好呢？然後你再想想看，市面上賣的植物生長燈，它的光線是什麼顏色的？又是為什麼呢？

太陽光裡的小怪獸

在觀察葉子的吸收光譜時，我們利用了太陽的光譜，剛才你有沒有注意到，太陽光譜裡頭有一條條的黑色線條？太陽光譜裡的這些黑線居然能夠讓科學家知道 1 億 5000 萬公里外的太陽上面有什麼元素喔！而且這些資料只要用光譜儀就能夠獲得。

在了解這個原理前，我們先舉一個例子，今天你班上的同學在操場上玩，鐘聲一響，全班都要跑回教室，可是操場上有幾隻小怪獸，專門抓特定座號的同學。A 怪獸專門抓 5 號和 10 號，B 怪獸專門抓 8 號和 20 號。

在這種情況下，有些同學被抓住，有些同學則是順利跑回班上。

當老師請同學按照座號排一橫列時，就會發現其中缺了 5 號、8 號、10 號和 20 號，老師雖然不知道操場有哪些小怪獸，但是老師手上有手冊，上面寫著：「A 怪獸專門抓 5 號和 10 號，B 怪獸專門抓……」，因此老師只要對照名單，就可以知道操場上出現哪幾隻小怪獸了。

太陽光譜的黑線就像是這個例子，黑線的出現是因為某些波長的太陽光被太陽大氣裡的元素（小怪獸）吸收了，所以我們用光譜儀觀察時，就會看到一條條的黑線。

怎麼知道哪些元素（小怪獸）會吸收（抓住）哪些波長的光線呢？這可以透過焰色實驗得知，當某種元素在高熱燃燒時，會發射出某種特定波長的光線，在低溫時，它的蒸氣就會吸收相同波長的光線。比如鈉燃

我有問題！

焰色實驗怎麼做？

想要看見鈉燃燒的顏色，只要利用食鹽、噴霧罐和瓦斯噴燈就能夠進行，這樣的實驗稱為焰色實驗。噴霧罐裡裝鹽水，然後瓦斯噴燈的火焰調整成淡藍色火焰，再把噴霧罐的鹽水噴向火焰，方向要跟火焰方向相同，當然要注意不要把火焰朝向自己。你會看到火焰變成黃色的，那就是食鹽（氯化鈉）裡的鈉發生的焰色反應。只要在黑暗環境進行這個實驗，就可以再利用光譜儀看仔細鈉的光譜喔！節慶時候施放的煙火，其實就是利用了焰色反應。

燒時會發射出 588.995nm 和 589.592nm 的光線，當它處於蒸氣狀態，就會吸收這兩種波長的光線。科學家檢視太陽光譜時，發現這兩個波長呈現暗線，就知道太陽大氣裡含有鈉這種元素。

藉由光譜儀的光譜分析，科學家即使沒登陸太陽，也能知道太陽大氣中含有哪些元素，這樣的方法當然也可以應用在其他星球的研究囉！ 科

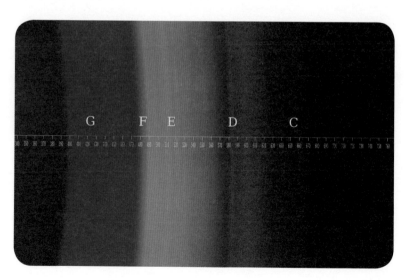

G F E D C

▲ 19 世紀的德國物理學家夫朗和斐（J. von Fraunhofer）仔細記錄了太陽光譜中的暗線，將最主要的幾條依照明顯程度，用英文字母標示記錄，這些暗線被後人稱為「夫朗和斐線」。D 的暗線其實有兩條，它就是內文中提到的，被鈉吸收的兩個波長。

簡志祥　新竹市光華國中生物老師，以「阿簡生物筆記」部落格聞名，對什麼都很有興趣，除了生物，也熱中於 DIY 或改造電子產品。

攝影：簡志祥

把白光變彩虹──光譜儀

國中理化教師 何莉芳

主題導覽

看似白色的太陽光與日光燈光,你知道它其實是由許多顏色組成的嗎?如何讓白光現出原形?為什麼光碟片具有分光效果?怎樣才能讓分光效果發揮得更好?最重要的是,把光分開來可以做什麼?

〈把白光變彩虹──光譜儀〉教大家利用光碟片自製簡單的光譜儀,並透過深入淺出的文字解釋原理及應用。原來我們可以利用光譜儀分析不同燈泡的光譜,也能觀察葉子會吸收哪些色光。科學家則利用不同元素光譜的特性,分析太陽大氣中含有哪些元素!

閱讀完文章後,你可以利用「關鍵字短文」和「挑戰閱讀王」測試你對光譜儀的理解程度;「延伸知識」補充焰色與煙火、彩虹等知識,希望幫助你更深入學習!

關鍵字短文

〈把白光變彩虹──光譜儀〉文章中提到許多重要的字詞,試著列出幾個你認為最重要的關鍵字,並以一小段文字,將這些關鍵字全部串連起來。例如:

關鍵字:1. 分光 2. 光譜 3. 光譜儀 4.RGB 顏色模型 5. 焰色實驗

短文:光碟片上密集的凹槽具有分光效果,能讓陽光在光碟上呈現彩虹。這種彩虹稱為光譜,而能分光的儀器叫做光譜儀。我們常以 RGB 顏色模型來解釋光的混色,透過光譜儀分光,可以了解組成中各色光的強度比例。此外,科學家還透過焰色實驗得到特定元素發射出的光譜,不同物質分光結果不同,就像是指紋一樣,可用來鑑定物質。

關鍵字:1.＿＿＿＿ 2.＿＿＿＿ 3.＿＿＿＿ 4.＿＿＿＿ 5.＿＿＿＿

短文:＿＿＿＿＿＿＿＿＿＿＿＿＿＿＿＿＿＿＿＿＿＿＿＿＿＿＿＿＿＿＿＿

＿＿＿＿＿＿＿＿＿＿＿＿＿＿＿＿＿＿＿＿＿＿＿＿＿＿＿＿＿＿＿＿＿＿＿

＿＿＿＿＿＿＿＿＿＿＿＿＿＿＿＿＿＿＿＿＿＿＿＿＿＿＿＿＿＿＿＿＿＿＿

挑戰閱讀王

看完〈把白光變彩虹——光譜儀〉後，請你一起來挑戰以下題組。

答對就能得到👍，奪得 10 個以上，閱讀王就是你！加油！

☆阿簡老師教大家利用光碟片自製簡單的光譜儀，根據文章，請回答下列關於光碟
　光譜儀製作的問題。

（　）1.用光碟片傾斜對著太陽，可以看到彩虹，你知道彩虹是從哪裡來的嗎？請
　　　　選出最合理的解釋。（答對可得 1 個👍））
　　　　①光碟片就像鏡子，將遠方天空的彩虹反射出來
　　　　②太陽原本就是由多種色光組成，光碟片能把太陽光線分開來
　　　　③光碟片上紅色、藍色和綠色的螢光粉混合映出彩虹光澤
　　　　④太陽光使光碟片透明層的染料發生化學變化

（　）2.CD 或 DVD 光碟片有許多分層，若是要用來製作文章中的透射型光譜儀，
　　　　要使用哪一層呢？為什麼？（答對可得 1 個👍）
　　　　①不需刻意分層，整片光碟片直接拿來利用效果最好
　　　　②透明層，只有靠透明層上的染料才能讓白光產生色彩
　　　　③用來儲存資料的紀錄層，因為上面有許多等距、平行的凹槽
　　　　④金屬層，它能將雷射光反射回讀寫頭以讀取資料，也能反射彩虹色光

（　）3.根據文章內容，請判斷下表四種光碟片，哪種的分光效果最好？
　　　　（答對可得 1 個👍）
　　　　①甲：長度 1mm，凹槽數 625 條　②乙：長度 1mm，凹槽數 1350 條
　　　　③丙：長度 5mm，凹槽數 3125 條　④丁：長度 1cm，凹槽數 6250 條

（　）4.如果想讓光譜儀的分光效果發揮得更好，需要調整下面哪一個步驟？
　　　　（答對可得 1 個👍）
　　　　①步驟一：裁剪出正方形光碟片時，凹槽必須盡量平行於邊長。
　　　　②步驟二：使用黑色不反光的厚紙板來製作光譜儀
　　　　③步驟三：只讓外界的光線透過一個狹縫照射到光碟片
　　　　④步驟四：貼小塊光碟片時，凹槽線條和光譜儀的狹縫互相垂直。

☆用高倍率的放大鏡或是珠寶顯微鏡，仔細觀看螢幕的白色部分，會發現其實是由數種顏色組成的。我們常以 RGB 顏色模型來解釋光的混色，生活中也應用它來混合色光。

（　）5.RGB 色光的三原色指的是什麼？（答對可得 1 個👍）

　　　①紅、黃、綠　②紅、綠、藍　③紅、黃、紫　④黃、青、紫

（　）6.根據 RGB 模型與文章，哪種方式無法產生白光效果？

　　　（答對可得 1 個👍）

　　　①使用紅光、藍光和綠光組合混色

　　　②將黃光 LED 與藍光 LED 以不同強弱混色

　　　③用高亮度藍光 LED 照射黃色、螢光粉

　　　④用高亮度綠光 LED 照射黃色、螢光粉

☆完成了簡易光譜儀之後，接下來就是進行實際觀察。怎樣才能讓分光效果發揮得更好？最重要的是，把光分開來可以做什麼？請根據文章，回答下列問題。

（　）7.透過光譜儀的分光，可以有什麼應用？（多選題，答對可得 1 個👍）

　　　①利用光譜儀分析不同燈泡的光譜，讓燈光現出原形

　　　②比較光穿透不同物質例如樹葉（葉綠素）後，會發生哪些變化

　　　③以更細微的角度觀察不同元素燃燒的顏色與光譜

　　　④幫助科學家研究分析太陽大氣含有的元素

（　）8.若要讓光譜圖更準確，得到對應出光強度和波長的光譜圖。在觀測前後要注意哪些事項？（多選題，答對可得 1 個👍）

　　　①除了待測物的光譜圖照片外，還必須有已知波長的光譜照片校正分析

　　　②拍攝時，手機和光譜儀必須固定在一起，避免相片產生位移

　　　③拍攝後，利用「ImageJ」影像分析軟體，將變形光譜調整成長寬一致

　　　④光譜儀拍攝的相片需要清晰，才能利用圖片 X 座標代表色光波長的數據

（　）9.進行光譜校正時，若要取得已知波長的光譜照片，用哪種光源較合適？為什麼？（答對可得 1 個👍）

　　　①利用雷射光，因為波長單純且波長已知

②利用日光燈，因為取得簡單、方便好用

③利用太陽光，因為太陽光的光譜具有特定黑色線條

④利用鈉的焰色實驗，因為科學家就是利用鈉光譜來分析太陽

(　)10.利用光譜儀比較正常的太陽光譜，與陽光穿透葉片（黛粉葉）的光譜，發現「被葉子遮住的太陽光譜，紅光和藍光黯淡了不少。」下列關於這個發現的解釋與推論，哪個不合適？（答對可得 1 個👍）

①植物利用紅光、藍光及綠光的效率並不相同

②表示葉子吸收的光線以紅光和藍光為主

③根據 RGB 模型，紅光加上藍光組合出綠光，所以葉子是綠色的

④我們看到的綠葉是綠色，是因為綠光吸收得少，大多被反射出來

(　)11.文章中提到，太陽光譜裡頭有一條條的黑色線條。請問黑線代表什麼？

（答對可得 1 個👍）

①黑線代表太陽內部並沒有發射出這些光線

②黑線代表太陽傳送的鈉元素被地球的大氣層吸收

③黑線代表某些波長的太陽光被太陽大氣裡的元素吸收了

④黑線代表當時太陽大氣溫度不夠高，只要溫度夠高，就不會出現。

(　)12.文章中簡單的用怪獸（元素）來解釋太陽光譜的黑線，以及老師（科學家）如何分析太陽大氣成分。如果已知 A 怪獸專門抓 5 號和 10 號，B 怪獸專門抓 8 號和 20 號。當全班跑回教室後，請同學按照座號排一橫列時，老師發現其中「缺了 5 號、8 號、10 號、28 號……」。根據這樣的結果，關於操場上出現哪幾隻小怪獸，下面哪些推論較合理呢？

（多選題，答對可得 1 個👍）

①甲同學說：因為 5 號、10 號同時被抓，所以我知道操場上有 A 怪獸。

②乙同學說：只要 8 號被抓走，就算 20 號沒被抓，也一定代表操場上有 B 怪獸存在。

③丙同學說：28 號 =8 號 +20 號，我認為 28 號也是被 B 怪獸抓走的。

④丁同學說：28 號居然被抓走了？我懷疑操場上可能還有別種怪獸。

延伸知識

1. **焰色與煙火**：煙火是利用化學物質的混合物來製作的，其中包含了各式各樣的金屬化合物，不同的金屬在燃燒時，會發出獨特的火焰顏色，例如鈉鹽會發出黃色光芒，鍶鹽則是紅色光芒，鉀鹽會發出紫色光芒，鋇鹽會發出綠色光芒等——在化學上叫做焰色反應。也因為這些美麗的焰色，加上煙火彈內部有許多不同構造的排列與搭配，使煙火在夜空中綻放出複雜美麗的圖案。

2. **繞射**：光碟片會讓白色光線產生彩虹的原理為「繞射」。由於光碟片上的細微軌距如同光柵，使不同波長的光有不同的繞射角而分光。除了光碟上的「彩虹」，生活中還可以看見不少類似彩虹效果，原理各不相同。例如：

   ①雨後的彩虹，是陽光穿過空中的水滴二次折射與一次反射而產生。

   ②陽光經過三稜鏡折射後，由於各種色光折射的角度不同，而將陽光色散。

   ③肥皂泡或油膜的表面，可以觀察到光影與色彩的流動。這是因為薄膜有上下兩個表面，兩個表面反射的光，經過互相疊加後產生干涉現象。薄膜上的色彩與薄膜的厚度有關。

   ④某些透明材料例如膠帶，會因為內部受力不均而有雙折射的現象，使通過的光往不同方向偏折。只要搭配偏振片觀察，就能出現彩虹般的色彩。

延伸思考

1. 請你帶著自製光譜儀，記錄生活中常見燈光的光譜。可參考下列數個方向：

   ①以太陽光為例，形成的彩虹的顏色順序為何？

   ②同樣是白光的太陽光、日光燈，形成的光譜有何差異？

   ③收集手邊會發出黃光的燈光，觀察哪些是利用紅光與綠光組合而成？而哪些本身就是只含單色黃光？

2. 未來光碟片會愈來愈難取得，如果還想要製作「光譜儀」，有沒有替代品呢？

3. 你知道光譜儀也能在醫學上用來分析血液嗎？除了文章裡提到的分析太陽大氣之外，科學家還將光譜儀應用在哪些方面？請你利用圖書館、網路查閱相關資料。

光譜儀型板

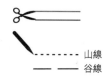

觀測孔內側貼上裁好的光碟片。
（注意：光碟片凹槽的方向要和狹縫平行）

完成圖

科學少年

正面

狹縫→

反面

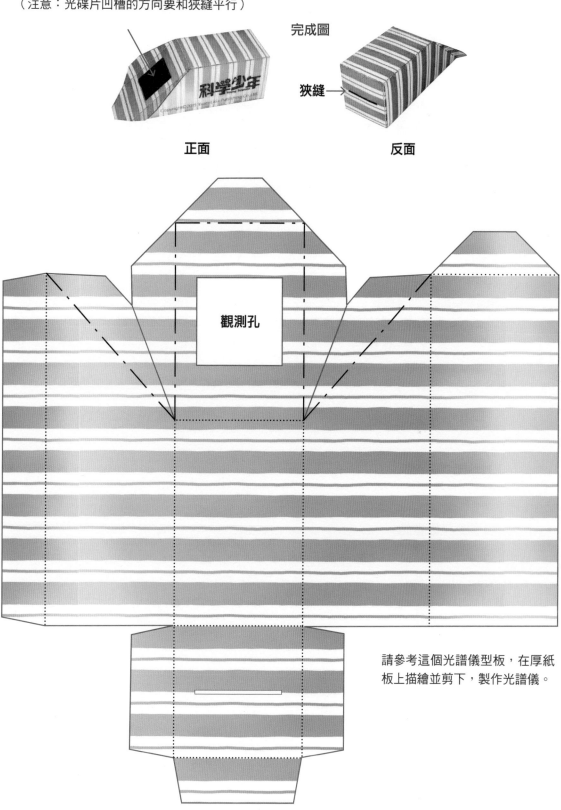

觀測孔

請參考這個光譜儀型板，在厚紙
板上描繪並剪下，製作光譜儀。

光譜儀型板修改自Public Lab Foldable Mini-Spectrometer

解答

近代科學之父──伽利略
1.② 2.① 3.④ 4.④ 5.③ 6.② 7.① 8.③ 9.④ 10.④ 11.② 12.② 13.④ 14.②③

明察秋毫的鷹眼
1.①②③④ 2.① 3.③ 4.③④ 5.④ 6.② 7.①②③④ 8.② 9.② 10.①②③④

自來水怎麼來？
1.① 2.④ 3.①②③ 4.② 5.① 6.① 7.②③④ 8.③ 9.③ 10.③

放射性研究的拓荒者──居禮夫人
1.③ 2.④ 3.④ 4.① 5.② 6.④

無字天書
1.③ 2.① 3.① 4.① 5.①② 6.②③④⑤⑥ 7.④ 8.② 9.④ 10.②

醫院裡的輻射線
1.④ 2.④ 3.② 4.④ 5.①

指紋偵探
1.③ 2.① 3.① 4.④ 5.① 6.③ 7.②

把日光變彩虹──光譜儀
1.② 2.③ 3.②（凹槽的密度愈高，分光效果愈好） 4.④（凹槽線條和光譜儀的狹縫應相互平行）
5.② 6.④（因為這種組合缺少藍光） 7.①②③④ 8.①② 9.① 10.③ 11.③ 12.①④

科學少年學習誌
科學閱讀素養◆理化篇 4

編者／科學少年編輯部
封面設計／趙璦
美術編輯／沈宜蓉、趙璦
資深編輯／盧心潔
科學少年總編輯／陳雅茜

發行人／王榮文
出版發行／遠流出版事業股份有限公司
地址／臺北市中山北路一段 11 號 13 樓
電話／ 02-2571-0297　傳真／ 02-2571-0197
郵撥／ 0189456-1
遠流博識網／ www.ylib.com　電子信箱／ ylib@ylib.com
ISBN978-957-32-8936-4
2021 年 4 月 1 日初版
2022 年 12 月 1 日初版三刷

國家圖書館出版品預行編目

科學少年學習誌:科學閱讀素養.理化篇4/科學
少年編輯部編.--初版.--臺北市:遠流出版事業
股份有限公司,2021.04
88面；21×28公分.
ISBN978-957-32-8936-4（第4冊:平裝）
1.科學2.青少年讀物
308　　　　　　　　　　　　　109021467